PRÁTICAS PEDAGÓGICAS REMOTAS EM ENGENHARIA

sociedade brasileira de
AUTOMÁTICA

Blucher

Organizadores

Ademar Gonçalves da Costa Junior
Alan Kardek Rêgo Segundo
José Alberto Naves Cocota Junior
Ícaro Bezerra Queiroz de Araújo

PRÁTICAS PEDAGÓGICAS REMOTAS EM ENGENHARIA

Estudos de casos em sistemas de controle

Volume 2

Práticas pedagógicas remotas em Engenharia: estudos de casos em sistemas de controle, volume 2

Editora Edgard Blücher Ltda.

Publisher Edgard Blücher

Editores Eduardo Blücher e Jonatas Eliakim

Coordenação editorial Andressa Lira

Produção editorial Ariana Corrêa

Revisão de texto Maurício Katayama

Diagramação Horizon Soluções Editoriais

Capa Leandro Cunha

Imagem da capa iStockphoto

Editora Blucher

Rua Pedroso Alvarenga, 1245, 4° andar

CEP 04531-934 – São Paulo – SP – Brasil

Tel.: 55 11 3078-5366

contato@blucher.com.br

www.blucher.com.br

Dados Internacionais de Catalogação na Publicação (CIP)

Angélica Ilacqua CRB-8/7057

Práticas pedagógicas remotas em Engenharia : estudos de casos em sistemas de controle : volume 2 / organizado por Ademar Gonçalves da Costa Junior...[et al] – São Paulo : Blucher, 2024.

230 p. : il. (SBA Press)

Bibliografia

ISBN 978-85-212-2139-5

1. Engenharia – Estudo e ensino 2. Ensino à distância I. Costa Junior, Ademar Gonçalves da

23-5984 CDD 620.007

Índice para catálogo sistemático: 1. Engenharia – Estudo e ensino

Em memória do meu pai, com amor (A.G.C.J.).

Às nossas famílias, que sentiram nossa ausência durante a organização do livro

Agradecimentos

Wânderson de Oliveira Assis, Alessandra Dutra Coelho e Hugo da Silva Bernardes Gonçalves agradecem ao Instituto Mauá de Tecnologia, que disponibilizou recursos para a construção de laboratórios remotos desenvolvidos no projeto de pesquisa, além de oferecer bolsas de estudo para alunos que trabalharam no projeto.

Ricardo Paulino Marques e Bruno Augusto Angélico destacam que o Capítulo 3 se insere no Projeto "Inovação e Integração Docente no Ensino de Graduação", Edital PRG 01/2020-2021 – Consórcios Acadêmicos para a Excelência do Ensino de Graduação – CAEG/USP.

Luiz Ferreira Alves, Paolo Ferrari e Dennis Brandão agradecem à Capes pelo fomento à pesquisa por meio de concessão de bolsa de pós-graduação.

George Acioli Júnior, Heleno Bispo da Silva Júnior, Anna Paula Virgolino de Andrade Aguiar, Péricles Rezende Barros e Antônio Tavernard Pereira Neto agradecem ao Conselho Nacional de Desenvolvimento Científico e Tecnológico (CNPq) e à Coordenação de Aperfeiçoamento de Pessoal de Nível Superior (Capes) pelo apoio ao desenvolvimento do trabalho apresentado no capítulo.

Bruno Sereni, Edvaldo Assunção e Marco Antonio Leite Beteto agradecem a Profa. Dra. Vilma Alves Oliveira (EESC-USP) pelo incentivo e sugestões para redação do capítulo. Os autores também deixam o agradecimento aos alunos que participaram da realização do experimento e, em especial a Isabella Oliani Bertholim, Gabriel Frandulice Palazzini e Vinícius Fantinato de Oliveira pela solícita contribuição fornecida durante os testes práticos de aplicação da metodologia proposta. Os autores ainda agradecem à Fundação de Amparo à Pesquisa do Estado de São Paulo (Fapesp), processos 2011/17610-0 e 2018/20839-9, à Coordenação de Aperfeiçoamento de Pessoal de Nível Superior (Capes), código de financiamento 001, e ao Conselho Nacional de Desenvolvimento Científico e Tecnológico – Brasil (CNPq), processo 303637/2021-8, pelo suporte financeiro.

Apresentação

A organização dos dois volumes do livro *Práticas pedagógicas remotas* partiu de uma provocação realizada pelo nosso colega, Prof. Luís Antônio Aguirre da Universidade Federal de Minas Gerais (UFMG), na época à frente do Conselho Editorial da SBA-Press, onde havia lembrado de um item de pauta da reunião do Comitê Técnico de Educação em Engenharia ocorrido durante o SBAI 2019, na cidade de Ouro Preto, que era apoiar a criação de um livro. Não havia a previsão de uma pandemia na época do evento, porém esse fator abriu a oportunidade para que fosse lançado em 2021 uma chamada aberta para contribuições a essa temática.

Muitos colegas se esforçaram e contribuíram durante meses na busca de algumas soluções que pudessem ser implementadas no período emergencial remoto, nome este que poderia variar em cada instituição de ensino, não só no país, como no mundo. Eis que este livro é fruto de diversas contribuições ocorridas durante o período pandêmico e que possivelmente será utilizado neste retorno ao ensino presencial que ocorreu a partir de 2022.

As contribuições dos autores, presentes nos dois volumes, dignificam o trabalho realizado por todos os colegas durante a pandemia, mesmo com todas as dificuldades impostas, visando contribuir com o aprimoramento dos cursos de Engenharias no Brasil. Precisamos formar engenheiros(as) para o século XXI que tenham o conhecimento técnico, que já é bem explorado nas diversas instituições, como também habilidades comportamentais. Estas poderão ser alcançadas se, nós docentes, também nos esforçamos em entregar uma nova forma de ensino e aprendizagem para que a força de trabalho possa contribuir cada vez mais com o país que queremos.

Também precisamos que as novas Diretrizes Curriculares Nacionais (DCN) das Engenharias, estabelecidas em 2019, possam dar novos frutos nos diversos cursos e novos rumos para a Engenharia brasileira, que tem destaque em diversas áreas. Esperamos que os dois volumes possam dar esse direcionamento e novas ideias possas surgir nas instituições de ensino. Dessa forma, os volumes foram pensados ao colegas docentes que estão, neste momento, implementando novas ideias e conceitos em seus cursos de graduação e que possam ajudar no desenvolvimento de novas soluções, incluindo possíveis pesquisas na área de educação em Engenharia, desde alunos de graduação até possíveis teses de doutorado que possam contribuir com as diversas temáticas.

Apesar de serem voltados para as áreas da Engenharia Elétrica, abrangidas pela Sociedade Brasileira de Automática (SBA), estes dois volumes também podem ser utilizados para outras demandas nos diversos cursos de Engenharias, bastando adaptá-las para a situação que se queira abordar. Esperamos que eles possam fornecer uma contribuição na área de educação em Engenharia e que possamos pensar em soluções não só individuais nas instituições de ensino, mas também na formação de redes de pesquisa, contribuindo para a formação da Engenharia no século XXI.

Materiais dos capítulos dos dois volumes estão disponíveis no diretório do livro no site da Editora Blucher.

Agradecemos o tempo, o esforço e a contribuição dos autores e dos revisores que puderam desempenhar um papel tão importante na construção destes dois volumes com *Práticas pedagógicas remotas*. Também agradecemos o apoio dado pelo Comitê Editorial da SBA-Press e pela diretoria da SBA, que não mediram esforços para que eles pudessem ser publicados.

Por fim, dedicamos estes dois volumes a todos que, durante o período pandêmico, passaram e aos que ainda estão passando por enormes dificuldades, de qualquer ordem, seja financeira, de saúde e/ou com a perda de colegas e familiares.

Sempre em frente!

Ademar Gonçalves da Costa Junior
Alan Kardek Rêgo Segundo
José Alberto Naves Cocota Junior
Ícaro Bezerra Queiroz de Araújo

João Pessoa, Ouro Preto e Maceió, setembro de 2023.

Prefácio

Passados pouco mais de 25 anos após o artigo seminal de Aktan *et al.* (1996), que cunhou a expressão "laboratório remoto" (traduzido de: "remote laboratory") num artigo publicado na IEEE Transactions on Education, existem exemplos de laboratórios remotos e virtuais em praticamente todas as disciplinas (ou subáreas) de Ciência, Tecnologia, Engenharia e Matemática (ou STEM – *Science, Technology, Engineering, and Mathematics*). Numa recente obra acerca da utilização de laboratórios remotos em educação STEM, García-Zubía (2021) descreve quinze laboratórios remotos em áreas que vão do controle e automação até a mecânica. Um trabalho mais alargado, conduzido por Gröber, Eckert e Jodl (2014), documenta pelo menos 335 laboratórios remotos, a maioria na área da engenharia (64%), sendo o restante na área da física (36%). Num outro trabalho, Endean e Braithwaite (2012) listam cerca de 160 experimentos remotos e virtuais, oferecidos por uma única instituição, em áreas que vão da engenharia química à ciência dos materiais, passando pelos circuitos elétricos. Um artigo mais recente (Raman *et al.*, 2022), intitulado "Laboratórios Virtuais – Uma revisão histórica e análise bibliométrica das últimas três décadas", documenta um aumento exponencial das publicações relacionadas com a temática dos laboratórios remotos e virtuais nos anos coincidentes com a pandemia de covid-19. Por outras palavras, falar desta temática antes e depois da pandemia representa dois cenários distintos. Assim, apesar de todas as evidências geradas acerca do impacto positivo da utilização complementar dos laboratórios remotos e virtuais no ensino e aprendizagem em STEM, é, paradoxalmente, a pandemia de covid-19 que leva a generalidade da comunidade da educação em Engenharia a entender a importância e o benefício dos laboratórios remotos e virtuais. Apesar da situação regressar ao normal, existe um sentimento generalizado de que será por meio da disseminação dos vários exemplos exitosos alcançados no decurso da pandemia e relatados em obras como o presente volume dedicado à apresentação de práticas pedagógicas remotas em Engenharia: estudos de caso em sistemas de controle que se conseguirá promover um ambiente mais rico, tanto para estudantes como para docentes, para a realização de experimentos que suportem uma melhor (e mais sólida) compreensão e domínio dos fenómenos ligados aos processos de controle em Engenharia.

Dito isso, importa fazer o elogio da obra e dos editores que a tornaram possível, bem como convidar a atenção dos leitores para a abrangência e profundidade dos conteúdos que se apresentam.

Os editores – Ademar Gonçalves da Costa Junior (IFPB), Alan Kardek Rêgo Segundo (UFOP), José Alberto Naves Cocota Junior (UFOP) e Ícaro Bezerra Queiroz de Araújo (Ifal) – possuem vasta experiência na área de Controle e Automação, não só do ponto de vista técnico como também do ponto de vista da educação. Destaque-se, como exemplo, a coordenação e a vice-coordenação do Comitê de Educação em Engenharia da Sociedade Brasileira de Automática (SBA), por parte de Ademar Gonçalves da Costa Junior e Alan Kardek Rêgo Segundo, respectivamente. Ou, ainda, a experiência de coordenação de programas de graduação e pós-graduação na área de Controle e Automação, nomeadamente por parte de José Alberto Cocota Junior. O leque de relações profissionais e acadêmicas estabelecidas pelos editores ao longo do seu percurso revela-se na extensão dos convites lançados (e aceites) pelos autores que colaboram nesta obra, num total de 21. Desde logo, uma forte presença de autores ligados a Instituições localizadas no estado de São Paulo (SP), considerado como o centro industrial do Brasil e, por conseguinte, local de forte demanda de profissionais e educadores na área de Controle e Automação. Assim, é de ressaltar o contributo de docentes e pesquisadores ligados ao Instituto Federal de Educação, Ciência e Tecnologia de São Paulo (IFSC), ao Instituto Mauá de Tecnologia (IMT), à Universidade de São Paulo (USP), à Universidade Estadual Paulista "Júlio de Mesquita Filho" (Unesp), e à Universidade Federal de Campina Grande (UFCG), que, em conjunto, representam 80% dos autores ligados a esta obra, contribuindo, em específico, para os Capítulos 2, 3, 4, 5, 6, e 7. Um desses capítulos (4) conta ainda com o contributo de um autor italiano (Paolo Ferrari), o que confere à obra uma dimensão internacional. Os dois restantes capítulos (1 e 8), que abrem e fecham a obra, são da responsabilidade de autores ligados aos estados de Rio Grande do Norte (RN), Alagoas (AL), e Paraíba (PB), todos localizados no Nordeste brasileiro, conferindo assim uma dimensão nacional à presente obra.

Relativamente ao conteúdo da obra, o Capítulo 1, intitulado "Suíte de aplicativos web voltados para o ensino de sistemas de controle", da autoria de Allan Martins (UFRN), Ícaro de Araújo (UFAL), e Ademar da Costa Junior (IFPB), apresenta um conjunto de ferramentas online, implementadas em JavaScript, utilizadas no ensino de sistemas de controle, e validadas por meio de um questionário com os alunos. O Capítulo 2, intitulado "Weblabs: experimentos e estratégias remotas para ensino-aprendizagem na área de controle de processos", da autoria de Wânderson Assis (IMT), Alessandra Coelho (IMT), e Hugo Gonçalves (IMT), apresenta uma experiência exitosa de ensino na área de Controle de Processos, no Instituto Mauá de Tecnologia (SP), descrevendo algumas das ferramentas utilizadas, suas funcionalidades, benefícios e, igualmente, limitações. O Capítulo 3, intitulado "Automação e controle de um processo industrial em um ambiente virtual: estudo de caso", da autoria de Ricardo Marques (USP) e Bruno Angélico (USP), apresenta um ambiente virtual para a realização de práticas remotas de automação e controle, em nível de graduação, envolvendo o projeto, a verificação e validação, e a implantação de sistemas de controle, compreendendo o cumprimento de várias etapas de projeto e o uso de aplicativos e sistemas industriais típicos: controladores lógicos programáveis (CLPs), sistemas supervisórios, redes e protocolos industriais de comunicações. O Capítulo 4, intitulado "Laboratório remoto para controle e supervisão de processos industriais em planta didática: um estudo de caso da USP", da autoria de Luiz Alves (USP), Paolo Ferrari (UNIBS, Itália), e Dennis Brandão (USP), apresenta um laboratório remoto, vinculado ao Departamento de Engenharia de Telecomunicações e Controle da USP, para a disciplina de graduação "Laboratório de Controle de Processos Industriais", que permite aos alunos o desenvolvimento de projetos com malhas de controle e sistemas supervisórios envolvendo hardware industrial. O Capítulo 5, intitulado "Laboratório de sistemas de controle com acesso remoto baseado em Internet das Coisas", da autoria de Danilo Martins (USP), Bruno Angélico (USP), e Alexandre Campo (USP), apresenta uma aplicação de controle remoto de posição de um servomecanismo, utilizada numa disciplina (Laboratório de Controle) igualmente vinculada à Escola Politécnica da USP. O Capítulo 6, intitulado "Desenvolvimento de uma infraestrutura de Engenharia para educação em controle de processos químicos na UFCG", da autoria de George Acioli Júnior (UFCG), Heleno da Silva Júnior (UFCG), Anna Aguiar (UFCG), Péricles Barros (UFCG), e Antônio Neto (UFCG), apresenta a infraestrutura de um ambiente computacional integrado para práticas laboratoriais remotas, que serve o curso de Engenharia Química da UFCG, no âmbito da modelagem e simulação de controle de processos. O Capítulo 7, intitulado "Uso de laboratório remoto no ensino de controle automático na Unesp Ilha Solteira", da autoria de Bruno Sereni (Unesp), Edvaldo Assunção (Unesp), e Marco Beteto (Unesp), descreve a implementação de um modelo para o desenvolvimento de aulas práticas remotas, associadas ao Laboratório de Controle, da Faculdade de Engenharia de Ilha Solteira (FEIS), da Unesp, que serve os alunos de graduação em Engenharia Elétrica. Finalmente, o Capítulo 8, intitulado "Jogo interativo para o ensino de espaço de estados", da autoria de Allan Martins (UFRN), Ícaro de Araújo (UFRN), e Ademar Gonçalves da Costa Junior (IFPB), apresenta o desenvolvimento e a utilização de uma aplicação online (implementada em JavaScript e disponibilizada em código aberto), denominada "Can U Control?". Essa aplicação corresponde, na realidade, a um jogo educativo que visa suportar o ensino/aprendizado de uma teoria denominada "dinâmica em espaço de estados" a alunos inscritos em diferentes cursos de Engenharia (Elétrica, Mecânica, Computação, e Controle, entre outros) da UFRN.

Concluída a apresentação dos oito capítulos que integram a obra *Práticas pedagógicas remotas em Engenharia: estudos de caso em sistemas de controle, volume 2*, resta convidar os leitores a desfrutarem da partilha dos casos relatados, bem como dos pormenores ligados à sua implementação e avaliação. Se algum objetivo houver na leitura, que seja coincidente com o da escrita: oferecer aos alunos um ambiente mais rico e multimodal (presencial, remoto e virtual) para a realização de experimentos que suportem uma melhor (e mais sólida) compreensão e domínio dos fenômenos ligados aos processos de controle em Engenharia.

Gustavo Ribeiro da Costa Alves
Prof. coordenador com agregação
Instituto Superior de Engenharia do Porto, Portugal

Referências

AKTAN, B.; BOHUS, C. A.; CROWNL, L. A.; SHOR, M. H. Distance learning applied to control engineering laboratories. **IEEE Transactions on Education**, v. 39, n. 3, p. 320-326, 1996. DOI: https://doi.org/10.1109/13.538754.

GARCÍA-ZUBÍA, J. **Remote laboratories**: empowering STEM education with technology. World Scientific, 2021. DOI: https://doi.org/10.1142/q0277.

GRÖBER, S.; ECKERT, B.; JODL, H.-J. A new medium for physics teaching: results of a worldwide study of remotely controlled laboratories (RCLs). **European Journal of Physics** , v. 35, n. 1, 018001, 2014. DOI: https://dx.doi.org/10.1088/0143-0807/35/1/018001.

ENDEAN, M.; BRAITHWAITE, N. **Online practical work for science and engineering students**: a collaborative scoping activity between the UK Open University and East China University of Science and Technology. Final report, 2012.

RAMAN, R.; ACHUTHAN, K.; NAIR, V. K.; NEDUNGADI, P. Virtual laboratories: a historical review and bibliometric analysis of the past three decades. **Education and Information Technologies**, 27, p. 11055-11087, 2022. DOI: https://doi.org/10.1007/s10639-022-11058-9.

Sobre os organizadores

Ademar Gonçalves da Costa Junior

É professor do Instituto Federal da Paraíba (IFPB), *campus* João Pessoa. Recebeu o título de doutor em Engenharia Mecânica pela Universidade Federal da Paraíba (UFPB) em 2016, concluiu MBA em Gestão de Projetos pela Universidade de Salvador (Unifacs) em 2009, é mestre e graduado em Engenharia Elétrica pela Universidade Federal de Campina Grande (UFCG), em 2005 e em 2002, respectivamente. Realizou estudos de pós-doutorado na Universidade Federal de Santa Catarina no Programa de Pós-Graduação em Engenharia de Automação e Sistemas (PPGEAS) em 2019. Como experiência profissional, trabalhou em diversos setores da indústria, como automotiva (Ford Motor Company), têxtil (Coteminas), química (Baterias Moura), telecomunicações (Telemar – ex-Telpa), eletro-eletrônica (Samsung), além de ter atuado em diferentes instituições de ensino – Instituto Federal da Bahia (IFBA), Fucapi-AM, FIP-PB e Escola Técnica Redentorista-PB. É membro do Comitê Técnico (TC 9.4) em *Control Education* do International Federation of Automatic Control (IFAC), da Sociedade Brasileira de Automática (SBA) e da Associação Brasileira de Educação em Engenharia (ABENGE). Integra o corpo editorial da *Revista Principia* (IFPB, Brasil), sendo seu editor-chefe desde 2021, e da *Revista Politécnica* (Colômbia). Atuou como coordenador técnico da área de educação em Engenharia da SBA para os biênios 2019-2021 e 2021-2023. Foi coordenador científico do Congresso Brasileiro de Automática (CBA) em 2018, além de prestar serviços como coordenador técnico e como revisor para diversos congressos e revistas científicas. Consta como autor e coautor de dezenas de artigos publicados em revistas científicas, congressos e capítulos de livros, organizador de livros, além de possuir registro de software e patente depositada. Seus interesses em pesquisa são nos seguintes temas: identificação de sistemas dinâmicos, sistemas de controle e de automação, instrumentação, educação em Engenharia e suas aplicações em diversas áreas. No momento atual, hidrogênio verde e em agricultura digital.

Alan Kardek Rêgo Segundo
Possui graduação em Engenharia de Controle e Automação pela Universidade Federal de Ouro Preto (UFOP), obtido em 2008, mestrado e doutorado em Engenharia Agrícola pela Universidade Federal de Viçosa (UFV) em 2010 e em 2014, respectivamente. Foi coordenador da proposta de criação e coordenador do Programa de Pós-Graduação em Instrumentação, Controle e Automação de Processos de Mineração (PROFICAM), em associação com o Instituto Tecnológico Vale (ITV). Atualmente atua como pesquisador do PROFICAM e do Programa de Pós-Graduação em Ciências da Computação da UFOP. É membro do Comitê Técnico (TC 9.4) no IFAC e foi vice-coordenador do Comitê de Educação em Engenharia da Sociedade Brasileira de Automática (SBA) no biênio 2021-2023. Tem experiência e interesse pelas áreas de circuitos eletrônicos, sistemas embarcados e instrumentação, atuando principalmente nos seguintes temas: microcontroladores, automação de processos e sistemas de monitoramento de parâmetros elétricos do solo/minério.

José Alberto Naves Cocota Junior
É graduado em Engenharia de Controle e Automação pela Escola de Minas da UFOP (2005), mestre em Engenharia Elétrica pela COPPE da Universidade Federal do Rio de Janeiro (2009) e doutor em Engenharia de Materiais pela REDEMAT da Universidade Estadual de Minas Gerais (UFOP-UEMG), em 2017. Ministra disciplinas e realiza pesquisas na área de robótica e de controle de processos na Escola de Minas, na qual é o atual diretor. Ainda na UFOP, foi presidente do Núcleo Docente Estruturante (NDE) e coordenador do curso de Engenharia de Controle e Automação, chefe do Departamento de Engenharia de Controle e Au-

tomação (DECAT), vice-coordenador do Programa de Pós-Graduação em Instrumentação, Controle e Automação de Processos de Mineração (PROFICAM).

Ícaro Bezerra Queiroz de Araújo

Possui graduação (2013) em Engenharia Elétrica pelo IFPB, mestrado (2015) e doutorado (2019) em Engenharia Elétrica e da Computação pela Universidade Federal do Rio Grande do Norte (UFRN). Atualmente é professor adjunto do Instituto de Computação da Universidade Federal de Alagoas (UFAL). Tem experiência na área de modelagem matemática e identificação de sistemas dinâmicos lineares e não lineares.

Participantes

Ademar Gonçalves da Costa Junior (org.) (Capítulo 1 e Capítulo 8)
Instituto Federal de Educação, Ciência e Tecnologia da Paraíba (IFPB), *campus* João Pessoa, Laboratório de Instrumentação, Sistemas de Controle e Automação (LINSCA)

Alessandra Dutra Coelho (Capítulo 2)
Instituto Mauá de Tecnologia

Alexandre Brincalepe Campo (Capítulo 5)
Instituto Federal de Educação, Ciência e Tecnologia de São Paulo (IFSP)

Allan de Medeiros Martins (Capítulo 1 e Capítulo 8)
Universidade Federal do Rio Grande do Norte (UFRN)

Anna Paula Virgolino de Andrade Aguiar (Capítulo 6)
Universidade Federal de Campina Grande (UFCG)

Antônio Tavernard Pereira Neto (Capítulo 6)
Universidade Federal de Campina Grande (UFCG)

Bruno Augusto Angélico (Capítulo 3 e Capítulo 5)
Universidade de São Paulo (USP)

Bruno Sereni (Capítulo 7)
Universidade Estadual Paulista "Júlio de Mesquita Filho" (Unesp)

Danilo Oliveira Martins (Capítulo 5)
Universidade de São Paulo (USP)

Dennis Brandão (Capítulo 4)
Universidade de São Paulo (USP), *campus* São Carlos

Edvaldo Assunção (Capítulo 7)
Universidade Estadual Paulista "Júlio de Mesquita Filho" (Unesp)

George Acioli Júnior (Capítulo 6)
Universidade Federal de Campina Grande (UFCG)

Heleno Bispo da Silva Júnior (Capítulo 6)
Universidade Federal de Campina Grande (UFCG)

Hugo da Silva Bernardes Gonçalves (Capítulo 2)
Instituto Mauá de Tecnologia

Ícaro Bezerra Queiroz de Araújo (org.) (Capítulo 1 e Capítulo 8)
Universidade Federal de Alagoas (UFAL)

Luiz Ferreira Alves (Capítulo 4)
Universidade de São Paulo (USP), *campus* São Carlos

Marco Antonio Leite Beteto (Capítulo 7)
Universidade Estadual Paulista "Júlio de Mesquita Filho" (Unesp)

Paolo Ferrari (Capítulo 4)
Università Degli Studi di Brescia (UNIBS), Itália

Péricles Rezende Barros (Capítulo 6)
Universidade Federal de Campina Grande (UFCG)

Ricardo Paulino Marques (Capítulo 3)
Universidade de São Paulo (USP)

Wânderson de Oliveira Assis (Capítulo 2)
Instituto Mauá de Tecnologia

Conteúdo

Capítulo 1

Suíte de aplicativos web voltados para o ensino de sistemas de controle

Allan de Medeiros Martins
Ícaro Bezerra Queiroz de Araújo
Ademar Gonçalves da Costa Junior

1.1 Introdução

Em diversas situações dentro do ambiente de ensino e aprendizagem, as metodologias de aula puramente expositivas ainda são utilizadas pelos docentes. Em geral, nas disciplinas de sistemas de controle são utilizadas as metodologias passivas de ensino (e em alguns casos unicamente teóricas) para temas como a localização de polos e sua relação com a resposta de sistemas lineares, sistema de espaço de estados ou sistemas controlados por computador.

Citando Demo (2015) *apud* Moreira *et al.* (2016, p. 58):

> Tradicionalmente, disciplinas acadêmicas são ministradas seguindo a clássica forma de ensino: docentes "ensinando" conhecimento "morto", e desenvolvendo em slides de Power Point sínteses dos conteúdos das disciplinas, que estimulam o desinteresse dos alunos, que os "assistem" passivos ou ativos, escondendo os smartphones, entretidos nas conversas dos grupos de WhatsApp ou no Facebook. Isso provoca nos estudantes decepções plurais, inclusive, com a escolha da profissão de engenheiro.

Bazzo (2017, p. 99-100) afirma que:

> [...] tradicionalmente considera-se em especial na área técnica, o aluno como um recipiente vazio de conhecimentos, técnicos e científicos.

> [...] as aulas formais e os conteúdos disciplinares são apresentados segundo uma hierarquia bem definida, na qual os papéis a serem desempenhados pelos seus participantes estariam historicamente definidos.

Ainda Bazzo (2017, p. 100) continua:

> Neste modelo, o professor, detentor do conhecimento, é o centro de onde irradiam todas as ações em sala de aula. É ele quem define os ritmos e as intensidades com que se deve desenrolar a programação didática. Dele também se espera uma reprodução limpa e precisa das formulações canônicas, ou seja, daquelas soluções clássicas, isentas portanto dos erros superados [...] intentando ser neutras por serem estritamente técnicas.

Porém, para os cursos de Engenharia, existe uma tendência crescente com relação à implementação de metodologias ativas de ensino. Ainda nesse ponto, é possível citar a Resolução n° 2, de 24 de abril de 2019 (CNE, 2019), que estimula a adoção de metodologias para aprendizagem ativa dos alunos.

Existem diversas metodologias ativas sendo utilizadas em cursos de Engenharia ao redor do mundo com alguma implementação no Brasil, com exemplos que podem ser citados: a Aprendizagem Baseada em Problemas e em Projetos (*Problem and Project Based Learning*) (Bender, 2014; Moallem; Hung; Dabbagh, 2019); a Instrução pelos Colegas (*Peer Instruction*) (Mazur, 2015); a Aprendizagem Invertida (*Flipped Learning*) (Talbert, 2017); a Sala de Aula Invertida (*Flipped Classroom*) (Bergmann; Sams, 2019), entre outras (Elmôr Filho, 2019; Leal; Miranda; Nova, 2017; Nogueira *et al.*, 2020).

As possibilidades de uso das metodologias ativas nos cursos de Engenharia vão ao encontro do que se espera dos egressos no mercado de trabalho atual, intuitivamente dentro do contexto da Indústria 4.0 e suas possíveis derivações (por exemplo, Agricultura 4.0, Saneamento 4.0, Educação 4.0, entre outros termos).

Segundo Jacintho (2018, p. 154), "[...] o aluno também é responsável pela construção de seu currículo, dado seu grau de liberdade. É essa nova atribuição que aumenta o papel dos alunos como sujeitos no processo de ensino-aprendizagem e certamente aponta para uma atitude de compromisso com a atualização profissional".

Devido à pandemia provocada pela covid-19, vários setores da sociedade sofreram modificações, em especial o setor de educação, no qual houve a necessidade da inserção das atividades remotas (Kapilan; Vidhya; Gao, 2020; Radhami *et al.*, 2021). Desse modo, a atual situação da educação na área de sistemas de controle e áreas afins possui uma necessidade de uso de softwares ou soluções que permitam um aprendizado ativo por parte dos discentes.

O uso da abordagem teórica, por meio de metodologias tradicionais (professor como centro do conhecimento), sem uma relação direta com conceitos de simulação e, posteriormente, sua experimentação por parte dos alunos, não os prepara de forma adequada para o pleno exercício das atividades de Engenharia no qual estarão inseridos.

Segundo estudos realizados por Wasquevite *et al.* (2018), "a simulação computacional aliada a ABP[1] podem criar um grande impacto no processo de ensino-aprendizagem, de maneira que, na utilização de exemplos de simulação, os alunos possam ter uma visão prática dos conteúdos abordados, tornando-os de mais fácil compreensão e aplicação posterior".

No documento "Destaque da Inovação – recomendações para o fortalecimento e modernização do ensino de Engenharia no Brasil" (CNI, 2018, p. 22), elaborado pela Confederação Nacional da Indústria (CNI) e a Mobilização Empresarial pela Inovação (MEI) com diversos atores da área acadêmica e da indústria que têm buscado atuar na modernização dos currículos das Engenharias no Brasil, é realizada a sugestão da:

> [...] busca por maior proximidade dos conteúdos teóricos, bem como facilitar o desenvolvimento prático do ensino baseado em projetos, deve-se privilegiar a utilização de laboratórios de simulações práticas, laboratórios de simulações virtuais, cenários que remetam à realidade e laboratórios *maker*. (CNI, 2018, p. 20)

[1]Abordagem Baseada em Problemas (ABP).

Ainda pode ser citado que o uso das tecnologias digitais de informação e de comunicação (TDIC) pode estimular a implementação de soluções de ensino híbrido, que não se discutem como mais um modismo, e sim como algo que veio para ficar, modernizando as práticas de ensino e de aprendizagem (Baich; Tanzi Neto; Trevisani, 2015).

Na área de Sistemas de Controle, algumas soluções de laboratórios virtuais são propostas como forma de aumentar o engajamento no processo de ensino e aprendizagem por parte dos alunos (Díaz; Costa-Castelló; Dormido, 2021; Guzmán; Joseph, 2020; Marin *et al.*, 2020; Torre *et al.*, 2015). Pode-se observar que a percepção dos alunos quanto à inserção de atividades com laboratórios virtuais é boa, e que há espaço para aprimoramentos, tornando-a uma boa solução de aprendizagem ativa (Gamo, 2018; Kapilan; Vidhya; Gao, 2021; Steger *et al.*, 2020; Torre *et al.*, 2015).

Dessa forma, o objetivo deste capítulo é apresentar um conjunto de ferramentas implementadas em JavaScript, disponibilizado de forma online e que possa ser utilizado no ensino de sistemas de controle, constituindo um laboratório virtual.

As ferramentas apresentadas neste capítulo permitem a interação com diversos sistemas dinâmicos. Nelas, o aluno pode modificar alguns parâmetros de comportamento dos sistemas dinâmicos, como posicionar polos e zeros, modificar ganhos, entre outros, de maneira interativa e visual. Isso facilita o entendimento, por parte dos discentes, do comportamento dos sistemas, de acordo com a mudança dos parâmetros.

Por fim, para validação do uso dessas ferramentas em ambiente de ensino virtual foi realizada uma pesquisa, utilizando um questionário com os alunos, sobre o uso da ferramenta como material didático auxiliar da disciplina de Sistemas de Controle.

Para fins de organização, o restante deste capítulo está dividido em seções. Na Seção 1.2 são apresentados conceitos básicos a respeito do uso de laboratórios virtuais no contexto da educação. Na Seção 1.3 são apresentadas algumas características a respeito da suíte de aplicativos descrita neste texto. Na Seção 1.4 são apresentados resultados de uma pesquisa realizada com discentes de diferentes instituições que utilizaram a ferramenta como material didático auxiliar. Por fim, na seção 1.5 são realizadas as considerações finais deste capítulo.

1.2 Laboratórios virtuais

Segundo Moran (2015, p. 41), "um bom professor pode enriquecer materiais prontos com metodologias ativas: pesquisa, aula invertida, integração na sala de aula e atividades on-line, projetos integradores e jogos".

Assim, o uso de laboratórios virtuais como atividade em disciplinas dos cursos de graduação nas Engenharias é uma forma de utilizar metodologias ativas para a aprendizagem por parte dos alunos. Além de fazer com que os alunos possam associar o conteúdo teórico de sala de aula, o uso de laboratórios virtuais, que podem ser acessados a qualquer momento, traz vantagens em relação ao uso de laboratórios presenciais, que necessitam de acesso na data e horário programados.

De acordo com Sáenz *et al.* (2015), "os laboratórios virtuais fornecem simulações baseadas em computador que oferecem visões e formas de trabalho semelhantes às suas contrapartes tradicionais", como laboratórios físicos. "Atualmente, as simulações evoluíram para interfaces gráficas de usuário interativas, onde os alunos podem manipular os parâmetros do experimento e explorar sua evolução."

De certo modo, os laboratórios virtuais têm a vantagem de que nenhuma configuração real é necessária, quando comparados com laboratórios físicos, possuindo baixo custo de investimento financeiro em relação à aquisição de laboratórios experimentais. Os laboratórios virtuais podem ser implementados como programas instalados em computadores ou em aplicativos baseados na web.

Em relação a essas duas versões, o laboratório virtual baseado na web, quando comparado com o laboratório virtual instalado em computadores de forma local, segundo Heradio, Torre e Dormido (2016), permite: i) um desacoplamento do modelo (que pode ser executado no servidor) e da visualização (que é executado no cliente), o que suporta a introdução imediata de experiências de diversos sistemas com tempo desconhecido e atrasos variados; ii) trabalho colaborativo online.

Heradio, Torre e Dormido (2016) listam ainda, incluindo a discussão sobre os laboratórios remotos, estes fora do escopo deste capítulo, que os laboratórios virtuais/remotos têm como vantagens adicionais: i) disponibilidade, já que podem ser usados de qualquer lugar a qualquer hora, apoiando alunos dispersos geograficamente e condicionados a diferentes fusos horários; ii) observabilidade, pois as sessões de laboratório podem ser assistidas por muitas pessoas ou mesmo gravadas e disponibilizadas posteriormente; iii) acessibilidade, fornecendo oportunidade para pessoas com algum grau de deficiência; iv) segurança, sendo uma alternativa melhor aos laboratórios práticos para experimentos considerados perigosos.

Ao longo dos últimos anos, diversas soluções de laboratórios virtuais foram desenvolvidas e apresentadas utilizando linguagens de programação que necessitam da aquisição de licenças, como o LabVIEW© (Betancourt *et al.*, 2019; Szávulvy *et al.*, 2019) e o Matlab© (Ghayoor, 2018; Kruger; Wolff; Cairncross, 2021), e as gratuitas, como o C++ (Gubsky; Kleschenkov; Mamay, 2019), Java (Farias *et al.*, 2016; Guzmán; Joseph, 2021) e Python (Sirotheau *et al.*, 2018). Tais soluções foram aplicadas em diversos cursos de graduação, o que contribui para a inserção dos laboratórios virtuais em várias situações de aprendizado (Reeves; Crippen, 2020). Em sistemas de controle, uma discussão recente sobre diversas vertentes no ensino da área, incluindo atividades de laboratório virtual, é promovida por Rossiter *et al.* (2018). O Capítulo 1 do volume 1 deste livro traz uma visão geral sobre conceitos e implementações de laboratórios virtuais, incluindo também laboratórios remotos, e sua situação no Brasil até o presente momento da publicação.

Por fim, deve ser notado que o termo laboratório virtual difere do termo realidade virtual. De acordo com Salmerón-Manzano e Manzano-Agugliaro (2018), a realidade virtual envolve ambientes digitais interativos como a ilusão de estar em um espaço 3D, com a capacidade de construir e interagir com os objetos 3D e, muitas vezes, a própria representação digital. Nas próxima seções do capítulo são discutidos alguns aspectos da implementação do sistema web desenvolvido.

1.3 A suíte de aplicativos web desenvolvida

O conjunto de aplicativos apresentado nesta seção possibilita a construção de roteiros definidos pelo professor para a demonstração de alguns conceitos teóricos, por meio da conceituação de laboratório virtual. Nesse sentido, possibilita o uso de ferramentas ativas de aprendizagem, além de facilitar o acesso ao aplicativo que independe do sistema operacional, pois, como é implementado em JavaScript, basta que o discente utilize apenas um navegador de internet. Por conta dessa característica, o conjunto de ferramentas aqui proposto torna-se mais acessível para os docentes e discentes dos cursos. Os autores ressaltam que, neste momento, não é objetivo do desenvolvimento da suíte de aplicativos o acesso remoto a um conjunto de práticas que estejam montadas em um laboratório físico, configurando um laboratório remoto.

Na Figura 1.1 tem-se o aplicativo interativo, contido no suíte, sobre a resposta no tempo e na frequência de sistemas lineares de acordo com o posicionamento dos polos e zero, em tempo contínuo ou discreto.

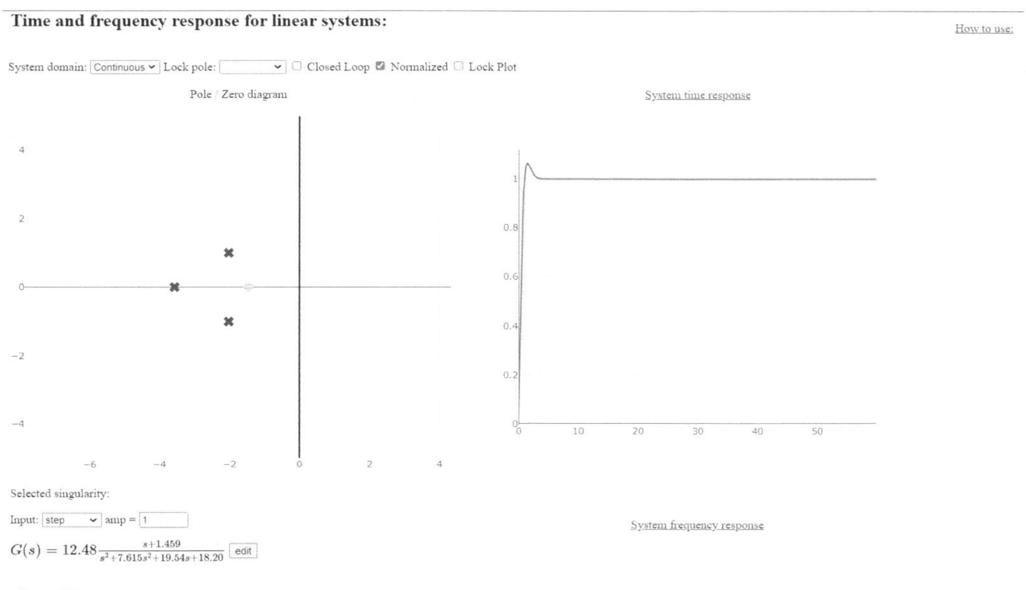

Figura 1.1 – Aplicativo de resposta no tempo para sistemas lineares.

O aplicativo indicado na Figura 1.1 oferece a visualização, em tempo real, do comportamento da resposta de um sistema ao posicionar seus polos e zeros no plano s (sistema contínuo no tempo) ou no plano z (sistema discreto no tempo). Nele é possível interagir clicando e arrastando os polos e zeros do sistema para alterar sua posição. Também é possível escolher o domínio do sistema (discreto ou contínuo), além de escolher o sinal de entrada para simular e observar a função de transferência de acordo com as posições de polos e/ou zeros.

No aplicativo ilustrado na Figura 1.2 tem-se a representação de um sistema controlado por computador. Nele é possível observar uma malha de controle por computador convencional na forma de um pseudocódigo, semelhante à linguagem de programação C. O usuário pode interagir e visualizar os sinais correspondentes.

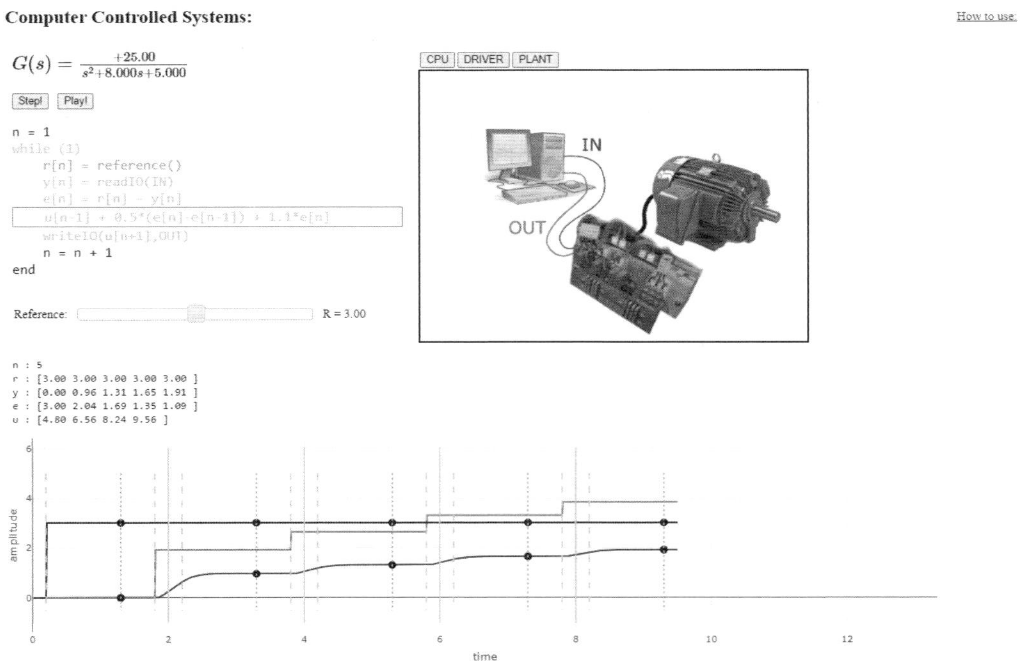

Figura 1.2 – Aplicativo da suíte para sistemas controlados por computador.

Nesse aplicativo é possível, a qualquer momento, alterar o valor de referência. O gráfico na Figura 1.2 indica os sinais que estão presentes no sistema. Os valores das variáveis também são mostrados à medida que o código é executado. A figura na parte superior direita indica o esquema de conexão do sistema representado pelo diagrama de polos e zeros, de maneira que o usuário possa visualizar como é realizada a conexão real do sistema. Os elementos do diagrama possuem as mesmas cores que os sinais nos gráficos, para que o aluno possa relacionar os comportamentos dos sinais e onde poderiam ser adquiridos ou aplicados em um sistema real.

O aplicativo ilustrado na Figura 1.3 tem como objetivo mostrar como funciona a representação de espaço de estados. O controle deslizante altera a amplitude do sinal de entrada do tipo degrau. É possível arrastar o(s) polo(s) e o(s) zero(s) no diagrama de polos e zeros (figura do lado esquerdo) para alterar o campo vetorial (figura do lado direito) correspondente ao sistema em tempo real representado em uma das formas canônicas selecionáveis em um das caixas de configuração.

Ainda no aplicativo ilustrado na Figura 1.3, é possível interagir com o campo vetorial e adicionar uma "partícula" (na Figura 1.3 está representada pelo círculo vermelho), utilizando o botão direito do mouse, para ver o seu comportamento evoluindo com o passar do tempo. Outra possibilidade é a edição das equações do espaço de estado para alterar o campo vetorial e, por conseguinte, os polos.

Os aplicativos aqui propostos possibilitam o uso exploratório por parte dos discentes, modificando os valores dos parâmetros dos sistemas permitindo a percepção dos efeitos provocados por conta dessas alterações, e facilitando assim a consolidação do conhecimento teórico visto em sala de aula. Com isso, eles podem acessar de qualquer lugar, a qualquer momento, por um celular.[2]

O conjunto de aplicativos descrito pode ser comparado com outros trabalhos e projetos desenvolvidos na literatura, por exemplo, Raman *et al.* (2014), Ayas e Altas (2015), Chevalier *et al.* (2021) e Guzmán e Joseph (2021). Nesses trabalhos, os autores desenvolveram ferramentas auxiliares de ensino, as quais complementariam as aulas de laboratório por meio de um ambiente virtual. Segundo os resul-

[2]A ferramenta descrita neste capítulo está disponível no link: https://bit.ly/3QlItRY.

tados desses autores, houve um incremento na qualidade de ensino das disciplinas abordadas, segundo a percepção dos discentes que utilizaram as ferramentas.

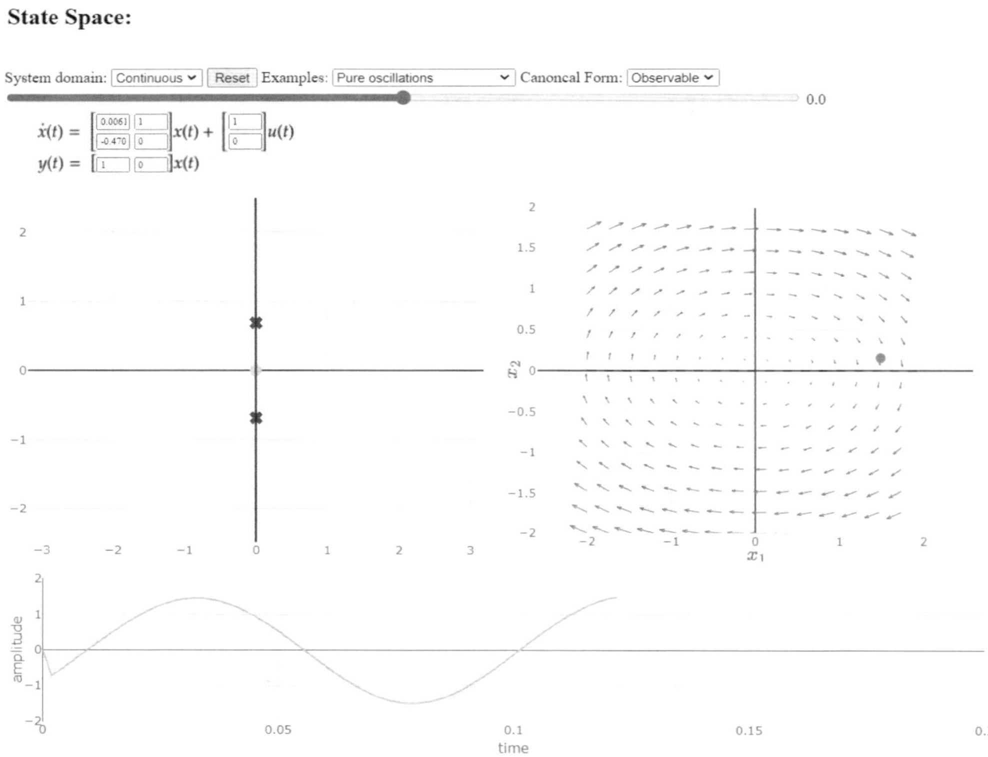

Figura 1.3 – Aplicativo da suíte ilustrando um sistema em espaço de estados.

A suíte de aplicativos descrita neste capítulo, além de abordar o uso de ferramentas virtuais como complemento às aulas expositivas e de cunho prático, ainda possui a vantagem de poder ser utilizada em qualquer sistema operacional, sem a necessidade de instalação na máquina local.

1.4 Resultados obtidos

Nesta seção são apresentados os resultados obtidos a partir de um experimento realizado em dois cursos de graduação (Engenharia Elétrica e Engenharia de Computação) de duas universidades distintas com o objetivo de avaliar a contribuição da suíte de aplicativos, descrito neste capítulo, no aprendizado por parte dos discentes.

O experimento consistiu na aplicação de um questionário sobre o uso da ferramenta em um momento seguinte à aula teórica, realizada de forma remota durante a pandemia de covid-19, sobre o assunto de resposta temporal de sistemas dinâmicos.

O questionário foi composto por cinco questões e foi elaborado de maneira a destacar a importância do uso da suíte de aplicativos desenvolvido e apresentado neste capítulo, no processo de aprendizagem dos discentes das disciplinas da área de sistemas de controle. O questionário foi respondido por dezenove discentes anonimamente, de um total de 51 das duas instituições de ensino, que representaram um percentual de aproximadamente 37% de respostas, e que cursaram disciplinas da área de sistemas de controle, em um dos semestres de 2021. Dos dezenove discentes, seis eram do sexo feminino. Também foi destacado aos discentes que a aplicação do questionário seria uma forma de avaliação da ferramenta em si, obtendo suas opiniões quanto ao uso dela.

No questionário, as seguintes perguntas foram utilizadas:

1. Antes da aula síncrona, busquei acessar o material disponibilizado previamente pelo professor para que eu pudesse compreender melhor o tema na aula síncrona?

2. Tive tempo suficiente para estudar, de forma prévia, o assunto apresentado na aula síncrona?

3. Ao final da aula síncrona e com o uso do simulador, pude compreender o funcionamento da resposta do sistema no tempo contínuo?

4. O simulador apresentado ajuda a consolidar os conhecimentos após a aula síncrona?

5. O menu de ajuda do simulador é suficiente para que eu possa utilizá-lo?

A Tabela 1.1 indica os percentuais das respostas às questões 1 e 2.

Tabela 1.1 – Respostas dos discentes às questões 1 e 2

Questão \ Resposta	Sim	Não
1	52,6%	47,4%
2	47,4%	52,6%

Fonte: dados da pesquisa.

As perguntas 1 e 2 do questionário fazem referência ao conhecimento adquirido pelo discente sobre o que aprendeu sobre sistemas de controle. Observa-se pelas respostas que aproximadamente metade dos discentes procuraram estudar de maneira prévia à exposição do assunto em sala de aula pelo professor da disciplina. Dessa forma, a ferramenta apresentada neste trabalho funciona como um material didático de apoio para visualização e melhor fixação do conteúdo abordado.

A cultura prevalecente no Brasil, em geral, é que os alunos atuem de forma passiva, esperando que o docente possa "passar o conteúdo" dentro de uma aula tradicional, o que não condiz com a necessidade neste século, que é a busca do conhecimento e a proatividade em se atualizar dentro de um curso de graduação/pós-graduação, como também fora dos muros das instituições de ensino. A sugestão dos autores é a criação e funcionamento de programas internos nas instituições de ensino que possa ajudar os discentes no planejamento dos seus estudos ao longo dos semestres.

Na Tabela 1.2 é apresentado um resumo das respostas às questões 3, 4 e 5 do questionário, cujas perguntas são ligadas diretamente à ferramenta apresentada neste capítulo.

Tabela 1.2 – Respostas dos discentes às questões 3, 4 e 5

Questão / resposta	Concordo plenamente	Concordo pouco	Neutro	Discordo pouco	Discordo plenamente
3	52,6%	26,3%	5,3%	10,5%	5,3%
4	78,9%	21,1%	0%	0%	0%
5	31,6%	52,6%	10,5%	5,3%	0%

Fonte: dados da pesquisa.

Como pode-se perceber em todas as respostas, mais de 70% dos alunos responderam que concordam plenamente ou concordam pouco, sinalizando a importância da ferramenta. Um ponto importante que vale destacar refere-se à questão de número 5. Nessa, uma pequena parte dos que concordaram com a positividade da ferramenta concordou plenamente que é necessário melhorar o menu de ajuda disponível atualmente. Essa inversão pode significar um interesse na melhora da ferramenta, já que sinaliza que os alunos realmente procuraram utilizar o menu de ajuda da ferramenta.

Ainda em relação ao formulário submetido aos discentes das disciplinas, foi aberto um campo de sugestões de aprimoramento da ferramenta. Dentre as sugestões enviadas, destacam-se:

- A criação de um guia/roteiro para o primeiro uso da ferramenta.
- O melhoramento da interface para os usuários de equipamentos móveis (celulares ou tablets).
- Alterações de interação com alguns elementos da ferramenta.

Desse modo, com base nas respostas fornecidas pelos discentes que participaram da pesquisa, pode-se concluir que a existência da ferramenta é relevante (pois existiram sugestões de melhora), indicando que os discentes utilizaram a ferramenta e puderam observar quais características podem ser melhoradas. A partir da análise realizada com os discentes, foi possível constatar que a ferramenta aqui proposta auxiliou na consolidação do conhecimento do assunto tanto durante as aulas síncronas como após a aula expositiva.

1.5 Considerações finais

O uso de tecnologia aplicada à educação se tornou fundamental para o processo de ensino-aprendizagem durante o período de pandemia provocado pela covid-19. Nesse contexto, este capítulo descreveu um conjunto de ferramentas web que pode ser utilizado como material virtual didático de suporte para cursos da área de sistemas de controle.

Com a apresentação do conteúdo do capítulo, a suíte de aplicativos web voltada ao ensino de sistemas de controle poderá ajudar na busca da implantação do ensino híbrido nos cursos de Engenharia, que é uma abordagem pedagógica que combina as atividades remotas e presenciais, através de tecnologias digitais da informação e comunicação (TDIC). Os primeiros resultados obtidos durante a pandemia de covid-19, quando as instituições de ensino no Brasil estavam com suas aulas de forma remota, indicam a viabilidade do seu uso. Também deve ser considerado que o uso de laboratórios virtuais pode ajudar na consolidação do conhecimento adquirido para que os discentes se sintam mais confortáveis para a implementação dos projetos em sistemas de controle utilizando equipamentos reais.

Porém, deve ser ressaltado que há a necessidade de melhor avaliação dos discentes, em como o uso do simulador influenciou na fixação dos conhecimentos adquiridos de acordo com o uso dos aplicativos que estão na ferramenta. Além disso, a inclusão de vídeos que possam explicar o funcionamento também será realizada para ajudar no uso da ferramenta desenvolvida. Ao longo dos próximos semestres, com a consolidação do ensino híbrido nas instituições de ensino superior e a agregação de novas instituições, com a suíte de aplicativos descrita neste texto, será possível fornecer uma ferramenta de apoio ao ensino de sistemas de controle.

Referências

AYAS, M.; ALTAS, I. A virtual laboratory for system simulation and control with undergraduate curriculum. **Computer Applications in Engineering Education**, v. 24, n. 1, p. 122-130, 2015. DOI: https://doi.org/10.1002/cae.21678.

BACICH, L.; TANZI NETO, A.; TREVISANI, F. M. (org.). **Ensino híbrido:** personalização e tecnologia na educação. Porto Alegre: Penso, 2015.

BAZZO, W. A. **Ciência, tecnologia e sociedade:** e o contexto da educação tecnológica. 5. ed. Florianópolis: Ed. UFSC, 2017.

BERGMANN, J.; SAMS, A. **Sala de aula invertida:** uma metodologia ativa de aprendizagem. Rio de Janeiro: LTC, 2019.

BETANCOURT, R. J.; GONZÁLEZ-LÓPEZ, J. M.; ESPEJO, E. B.; PÉREZ-GONZÁLEZ, M. A.; LAUREANO, E V.; LEDESMA, J. A. Virtual instrumentation based learning methodology for teaching power system measurement and protection. **Computer Applications in Engineering Education**, v. 27, n. 6, p. 1555-1570, 2019. DOI: https://doi.org/10.1002/cae.22170.

BENDER, W. N. **Aprendizagem baseada em projetos:** educação diferenciada para o século XXI. Porto Alegre: Grupo A, 2014.

CHEVALIER, A.; DEKEMELE, K.; JUCHEM, J.; LOCCUFIE, M. Student feedback on educational innovation in Control Engineering: active learning in practice. **IEEE Transactions on Education**, v. 64, n. 4, p. 432-437, 2021. DOI: https://doi.org/10.1109/TE.2021.3077278.

CNE – CONSELHO NACIONAL DE EDUCAÇÃO. **Resolução n° 2, de 24 de abril de 2019**. Institui as Diretrizes Curriculares Nacionais do Curso de Graduação em Engenharia. Brasília, DF: MEC, 2019. Disponível em: http://portal.mec.gov.br/index.php?option=com_docman&view=download&alias=112681-rces002-19&category_slug=abril-2019-pdf&Itemid=30192. Acesso em: 14 jan. 2022.

CNI – CONFEDERAÇÃO NACIONAL DA INDÚSTRIA. **Destaque de inovação:** recomendações para o fortalecimento e modernização do ensino de Engenharia no Brasil/Confederação Nacional da Indústria, Serviço Social da Indústria, Serviço Nacional de Aprendizagem Industrial, Instituto Euvaldo Lodi. Brasília: CNI, 2018. Disponível em: https://www.portaldaindustria.com.br/publicacoes/2018/3/destaques-de-inovacao-recomendacoes-para-o-fortalecimento-e-modernizacao-do-ensino-de-engenharia-no-brasil/. Acesso em: 12 fev. 2022.

DÍAZ, J. M.; COSTA-CASTELLÓ, R.; DORMIDO, S. An interactive software tool to learn/teach closed-loop shaping control systems design. **IEEE Access**, v. 9, p. 125805-125821, 2021. DOI: https://doi.org/10.1109/ACCESS.2021.3111129.

ELMÔR FILHO, G.; SAUER, L. Z.; ALMEIDA, N. N.; VILLAS-BOAS, V. **Uma nova sala de aula é possível:** aprendizagem ativa na Educação em Engenharia. Rio de Janeiro: LTC, 2019.

FARIAS, G.; PEÑA, D. M.; GÓMEZ-ESTERN, F.; TORRE, L.; SÁNCHEZ, C.; DORMIDO, S. Adding automatic evaluation to interactive virtual labs. **Interactive Learning Environments**, v. 24, n. 7, 2016. DOI: https://doi.org/10.1080/10494820.2015.1022559.

GAMO, J. Assessing a virtual laboratory in optics as a complement to on-site teaching. **IEEE Transactions on Education**, v. 62, n. 2, 2018. DOI: https://doi.org/10.1109/TE.2018.2871617.

GHAYOOR, F. A MATLAB-based virtual robotics laboratory: demonstrated by a two-wheeled inverted pendulum. **The International Journal of Electrical Engineering Education**, v. 57, n. 4, p. 301-320, 2018. DOI: https://doi.org/10.1177/0020720918816006.

GUBSKY, D. S.; KLESCHENKOV, A. B.; MAMAY, I. V. Virtual laboratory for microwave measurements. **Computer Applications in Engineering Education**, v. 27, n. 6, p. 1496-1505, 2019. DOI: https://doi.org/10.1002/cae.22164.

GUZMÁN, J. L.; JOSEPH, B. Web-based virtual lab for learning design, operation, control, and optimization of an anaerobic digestion process. **Journal of Science Education and Technology**, v. 30, p. 319-330, 2021. DOI: https://doi.org/10.1007/s10956-020-09860-6.

HERADIO, R.; TORRE, L.; DORMIDO, S. Virtual and remote labs in control education: a survey. **Annual Reviews in Control**, v. 42, p. 1-10, 2016. DOI: https://doi.org/10.1016/j.arcontrol.2016.08.001.

JACINTHO, J. C. Necessidades de formação e capacitação de engenheiros e técnicos para a Indústria 4.0. In: SACOMANO, J. B.; GONÇALVES, R. F.; SILVA, M. T.; BONILLA, S. H.; SÁTYRO, W. C. (org.). **Indústria 4.0:** conceitos e fundamentos. São Paulo: Blucher, 2018.

KAPILAN, N.; VIDHYA, P.; GAO, X.-Z. Virtual laboratory: a boon to the Mechanical Engineering Education during COVID-19 pandemic. **Higher Education for the Future**, v. 8, n.1, p. 31-46, 2021. DOI: https://doi.org/10.1177/2347631120970757.

KRUGER, K.; WOLFF, K.; CAIRNCROSS, K. Real, virtual, or simulated: approaches to emergency remote learning in Engineering. **Computer Applications in Engineering Education**, Early View, 2021. DOI: https://doi.org/10.1002/cae.22444.

LEAL, E. A.; MIRANDA, G. J.; NOVA, S. P. C. C. **Revolucionando a sala de aula:** como envolver o estudante aplicando as técnicas de metodologias ativas de aprendizagem. São Paulo: Atlas, 2017.

MARIN, L.; VARGAS, H.; HERADIO, R.; TORRE, L.; DIAZ, J. M.; DORMIDO, S. Evidence-based control engineering education: evaluating the LCSD simulation tool. **IEEE Access**, v. 8, p. 170183-170194, 2020. DOI: https://doi.org/10.1109/ACCESS.2020.3023910.

MAZUR, E. **Peer instruction:** a revolução da aprendizagem ativa. Porto Alegre: Penso, 2015.

MOALLEM, M.; HUNG, W.; DABBAGH, N. **The Wiley handbook of problem-based learning**. Hoboken: Wiley, 2019.

MORAN, J. Educação híbrida. Um conceito-chave para a educação, hoje. *In*: BACICH, L.; TANZI NETO, A.; TREVISANI, F. M. (org.). **Ensino híbrido:** personalização e tecnologia na educação. Porto Alegre: Penso, 2015.

MOREIRA, A. F. Iniciativas para um aprendizado multidisciplinar: interações entre atividades pedagógicas, cursos de Engenharia e instituições de ensino. *In*: OLIVIERA, V. F.; MATTASOGLIO NETO, O.; TOZZI, M J. (org.). **Desafios da Educação em Engenharia:** perfil do professor, aprendizagem ativa e multidisciplinar, processos de ingresso, inovação e proposições. Brasília: ABENGE, 2016.

NOGUEIRA, D. R.; LEAL, E. A.; MIRANDA, G. J.; NOVA, S. P. C. C. **Revolucionando a sala de aula:** novas metodologias ainda mais ativas, volume 2. São Paulo: Atlas, 2020.

RADHAMI, R.; KUMAR, D.; NIZAR, N.; ACHUTHAN, K.; NAIR, B.; DIWAKAR, S. What virtual laboratory usage tells us about laboratory skill education pre- and post-COVID-19: focus on usage, behavior, intention and adoption. **Education and Information Technologies**, v. 26, p. 7477-7495, 2021. DOI: https://doi.org/10.1007/s10639-021-10583-3.

RAMAN, R.; ACHUTHAN, K.; NEDUNGADI, P.; DIWAKAR, S.; BOSE, R. The VLAB OER experience: modeling potential-adopter student acceptance. **IEEE Transaction on Education**, v. 57, n. 4, p. 235-241, 2014. DOI: https://doi.org/10.1109/TE.2013.2294152.

REEVES, S. M.; CRIPPEN, K. J. Virtual laboratories in undergraduate Science and Engineering courses: a systematic review. **Journal of Science Education and Technology**, v. 30, p. 16-30, 2021. DOI: https://doi.org/10.1007/s10956-020-09866-0.

ROSSITER, J. A.; PASIK-DUNCAN, B.; DORMIDO, S.; VLACIC, L.; JONES, B. MURRAY, R. A survey of good practice in control education. **European Journal of Engineering Education**, v. 43, n. 6, p. 801-823, 2018. DOI: https://doi.org/10.1080/03043797.2018.1428530.

SÁENZ, J.; CHACÓN, J.; TORRE, L.; VISIOLI, A.; DORMIDO, S. Open and low-cost virtual and remote labs on control engineering. **IEEE Access**, v. 3, p. 805-814, 2015. DOI: https://doi.org/10.1109/ACCESS.2015.2442613.

SALMERÓN-MANZANO, E.; MANZANO-AGUGLIARO, F. The higher education sustainability through virtual laboratories: the Spanish university as case of study. **Sustainability**, v. 10, n. 11, 2018. DOI: https://doi.org/10.3390/su10114040.

SIROTHEAU, S.; BALIEIRO, R. F.; FAVERO, E.; SANTOS, J. C. LabPy: laboratório virtual de ensino em Python. *In*: CONGRESSO BRASILEIRO DE INFORMÁTICA NA EDUCAÇÃO (CBIE 2018), 7., 2018, Fortaleza. **Anais** [...]. Fortaleza, 2018, p. 749-758. DOI: http://dx.doi.org/10.5753/cbie.wcbie.2018.749.

STEGER, F.; NITSCHE, A.; ARBESMEIER, A.; BRADE, K. D.; SCHWEIGER, H. G.; BELSKI, I. Teaching battery basics in laboratories: hands-on versus simulated experiments. **IEEE Transactions on Education**, v. 63, n. 3, p. 198-208, 2020. DOI: https://doi.org/10.1109/TE.2020.2970554.

SZÁVULVY, M. I.; TÓOS, Á.; BARABÁS, R.; SZILÁGYI, B. From modeling to virtual laboratory development of a continuous binary distillation column for Engineering Education using Matlab and LabVIEW. **Computer Applications in Engineering Education**, v. 27, n. 5, p. 1019-1029, 2019. DOI: https://doi.org/10.1002/cae.22119.

TALBERT, R. **Guia para utilização da aprendizagem invertida no ensino superior**. Porto Alegre: Penso, 2017.

TORRE, L.; GUINALDO, M.; HERADIO, R.; DORMIDO, S. The ball and beam system: a case study of virtual and remote lab enhancement with Moodle. **IEEE Transactions on Industrial Informatics**, v. 11, n. 4, p. 934-945, 2015. DOI: https://doi.org/10.1109/TI I.2015.2443721.

WASQUEVITE, G. D.; BISPAR, C. G.; PERALTA, C. B. L.; GARBIN, F. G. B.; OLIVEIRA, R. T.; ACOSTA, F. G.; GUEDES, L. C.; TURCHETTI, V. P. Proposta de uso de um software de simulação e da metodologia de aprendizagem baseada em problemas nas disciplinas de sistemas produtivos em um curso de Engenharia de Produção. **Revista Principia**, João Pessoa, v. 39, p. 94-100. DOI: http://dx.doi.org/10.18265/1517-03062015v1n39p94-100.

Capítulo 2

Weblabs: experimentos e estratégias remotas para ensino-aprendizagem na área de controle de processos

Wânderson de Oliveira Assis
Alessandra Dutra Coelho
Hugo da Silva Bernardes Gonçalves

2.1 Introdução

O impacto mundial resultante da pandemia de covid-19 levou a uma grande mudança no estilo de vida e também no sistema de ensino. O impacto dessas mudanças ultrapassou as fronteiras da sala de aula afetando também as relações de trabalho com a tendência de adoção de horários mais flexíveis e o crescente aumento do trabalho em home office (Spurk; Straub, 2020). Certamente, o período pandêmico vivido terá impactos significativos e ainda não completamente dimensionados sobre a sociedade (Negri *et al.*, 2021).

É esperado que o ensino superior, de um modo geral, nunca mais seja o mesmo depois da pandemia (Khaddage; Fayad; Moussallem; 2020). Durante esse período de afastamento social, novas alternativas de ensino-aprendizagem com o emprego de tecnologias passaram a fazer parte do cotidiano dos professores. Para ajudar a conter os impactos, as universidades e as escolas precisaram adotar estratégias, como a aprendizagem online, o ensino a distância e o ensino híbrido.

Alguns recursos que vêm sendo empregados como alternativas incluem: i) uso de ambientes virtuais de aprendizagem (AVA) e aplicativos de videoconferência

(Cavus; Sekyere-Asiedu, 2021; Kurbakova; Volkova; Kurbakova, 2020; Moise *et al.*, 2021); ii) armazenamento na nuvem, por exemplo *lives*, aulas tradicionais na lousa mas gravadas, *podcasts* e videoaulas (Gullino; Shtebunaev; Wakerley, 2022); iii) uso de softwares de simulação, emprego de ferramentas e aplicações de laboratórios remotos (Assis; Coelho, 2019); iv) atividades de aprendizagem ativa com aulas em grupo realizadas de forma virtual (Hernández-de-Menéndez *et al.*, 2019); v) recursos interativos tais como *quizzes*, jogos, entre outros (Muniady; Ali, 2020).

Há uma grande infinidade de oportunidades e recursos didáticos disponíveis. Muitas vezes, a principal dificuldade é conseguir definir a alternativa que melhor se encaixa no tema a ser abordado na disciplina ou em um curso específico. E um grande desafio é encontrar a melhor forma de avaliar o aprendizado do aluno (Asgari *et al.*, 2021; Torres-Madroñero; Torres-Madroñero; Botero, 2020).

Independente da ferramenta utilizada para o ensino-aprendizado, tornou-se evidente a intensa mobilização dos profissionais de ensino, incluindo os estudantes, não medindo esforços para que as aulas e as atividades pudessem ser realizadas online, com mediação por tecnologias. Contudo, é preciso destacar que fatores como a motivação, a interação física, os recursos tecnológicos avançados, o feedback contínuo e a proximidade com o professor são implicações que devem ser pensadas para a melhoria em um processo de ensino e de aprendizagem que atenda a uma educação de qualidade (Marques, 2020).

Particularmente no ensino de Engenharia, em que a realização da experimentação prática é essencial para garantir um melhor aprendizado, o ensino mediado por tecnologias e a experimentação por acesso remoto passaram a ter importância fundamental, pois permitem aos alunos executar um trabalho prático de forma semelhante ao que é conduzido em laboratórios físicos. Um planejamento urgente e cuidadoso é necessário para mitigar os efeitos negativos do ensino remoto no ensino de Engenharia (Asgari *et al.*, 2021).

Nesse sentido, o uso de laboratórios de acesso remoto, como os WebLabs, é exemplo claro de ferramenta que traz interessantes benefícios na educação em Engenharia, porque oferece a possibilidade de desenvolver experimentos práticos, acessando remotamente os equipamentos em laboratórios reais através da Internet, permitindo seu controle e a interação em tempo real. Além disso, os WebLabs podem oferecer aos alunos a possibilidade de serem treinados utilizando equipamentos semelhantes aos encontrados no mundo real.

Os WebLabs foram implementados em diversas instituições de ensino como uma solução para a operação remota de laboratórios, geralmente usando softwares ou redes dedicadas comercialmente disponíveis. Vários trabalhos relatam sua experiência no uso do WebLabs para ensino de química (Jesus *et al.*, 2007), elétrica (Morais *et al.*, 2013), eletrônica (Fidalgo *et al.*, 2014; Garcia-Zubia *et al.*, 2006; Marques *et al.*, 2014; Rodrigues-Gil *et al.*, 2012), micro-ondas (Landin *et al.*, 2015), controle de processos (Cruz *et al.*, 2005; Stefanovic *et al.*, 2010), entre outros (Agrawal; Srisvastava; 2007; Mohammed; El Zoghby; Elmesalawy, 2020). No Instituto Mauá de Tecnologia (IMT), vários WebLabs relacionados à área de controle de processos foram recentemente desenvolvidos (Assis *et al.*, 2013; 2016; 2019). Áreas como a robótica (Assis *et al.*, 2014) e a indústria petrolífera em conjunto com o processamento de imagens (Matta *et al.*, 2019) também foram contempladas.

Diante desse cenário, o objetivo deste capítulo é apresentar uma experiência de ensino na área de controle de processos no Instituto Mauá de Tecnologia (IMT), descrevendo algumas das ferramentas utilizadas, suas funcionalidades, benefícios e limitações. As principais funcionalidades dos laboratórios remotos desenvolvidos e as ferramentas de acesso virtual também são apresentadas. Além disso, o "WebLab de Controle de Nível" é utilizado como estudo de caso demonstrando os recursos disponíveis para o ensino de sistemas de controle em cursos de Engenharia.

2.2 Ensino de sistemas de controle em cursos de Engenharia no IMT

Nos programas dos cursos de Engenharia da área de Elétrica (por exemplo: Engenharia Eletrônica, Engenharia Elétrica, Engenharia de Computação, Engenharia de Controle e Automação, entre outros), a área de Controle de Processos é de considerável interesse, não somente para permitir que os alunos adquiram competências importantes relacionadas a esse segmento, mas também por constituir-se em uma importante área de atuação profissional. Assim, é indispensável que os programas desses cursos apresentem disciplinas relacionadas às áreas de "controle de processos" e de "modelagem de sistemas", contempladas nos respectivos planos pedagógicos, conferindo uma adequada formação em conteúdos profissionalizantes nessa área.

Geralmente no ensino voltado para a área de controle de processos, os conteúdos podem ser distribuídos em duas partes: teoria de controle clássico convencional; e controle avançado. Para o curso de Engenharia Eletrônica, no IMT, esses conteúdos são abordados, principalmente, nas disciplinas de Sistemas de Controle I e Sistemas de Controle II.

Na teoria de controle clássico convencional são tratados os seguintes conceitos básicos da área de controle de processos: modelagem de sistemas dinâmicos por meio de equações diferenciais, transformada de Laplace e transformada Z; identificação paramétrica de sistemas e representação de sistemas em função de transferência; representação em diagrama de blocos; análise de estabilidade de sistemas e critérios de avaliação de desempenho; técnicas de projetos de sistemas de controle clássico, incluindo controladores PID, avanço de fase, atraso de fase e avanço-atraso de fase, entre outros temas.

No "Controle Avançado" são aprendidas técnicas mais avançadas para a modelagem e o controle de sistemas, podendo incluir: métodos determinísticos para modelagem e identificação de sistemas; métodos avançados para sintonia de controladores PID; representação de sistemas em representação de estados; controle por realimentação de estados; observadores de estado e filtros de Kalman; controle inteligente (controle *fuzzy*, redes neurais, neuro-*fuzzy*, algoritmos genéticos e sistemas especialistas), entre outros.

Neste capítulo, o foco é ilustrar experimentos de laboratório de "controle convencional", embora algumas aplicações do "controle avançado" também possam ser realizadas, utilizando os mesmos recursos. De qualquer forma, trata-se de disciplinas que exigem do aluno uma formação abrangente com enfoque em aplicações. A grande dificuldade do aluno é conseguir associar os conceitos teóricos com as aplicações práticas, e entender como aplicar as estratégias de controle em sistemas industriais reais. Assim, há uma grande dependência de utilização de recursos práticos em laboratório.

2.3 Ferramentas para ensino remoto de controle de processos

Diversas ferramentas e recursos tecnológicos podem ser utilizados para permitir o ensino de "controle de processos" visando minimizar o impacto da não utilização de laboratórios em atividades presenciais. Algumas das seguintes estratégias de ensino-aprendizagem vêm sendo adotadas:

- aulas em ambiente virtual de aprendizagem (AVA);
- vídeos com aulas gravadas em sala de aula, com solução de exercícios na lousa;
- vídeos com aulas gravadas em laboratório, demonstrando aplicações de controles;
- utilização de simulações utilizando o software MATLAB©, visando demonstrar o resultado de projetos de sistemas de controle;

- atividades interativas com o aplicativo Kahoot![1] A atividade é constituída de um *quiz*, com perguntas relacionadas aos conceitos básicos vistos na disciplina, de forma a avaliar o conhecimento adquirido pelos alunos;
- acesso virtual às máquinas instaladas nos laboratórios para realizar a implementação de sistemas de controle;
- acesso a laboratórios remotos (WebLabs) visando realizar a implementação, em tempo real, de sistemas de controle.

Para realizar as aulas online é essencial a disponibilidade de recursos como: possibilidade de interação em quadro branco; compartilhamento de tela do computador para utilização de softwares específicos; compartilhamento de arquivos com apresentações; compartilhamento de áudio e vídeo (essencial para produzir uma maior proximidade entre o professor e o aluno). Um importante diferencial é a possibilidade de gravação das aulas realizadas, as quais podem ser posteriormente acessadas pelo aluno para rever os conteúdos e esclarecer dúvidas. Adicionalmente, essa característica é uma alternativa para os alunos que eventualmente tiveram problemas de conexão durante o momento da aula, pois eles podem assistir à aula gravada. A Figura 2.1 ilustra um trecho de uma aula da disciplina Sistemas de Controle II, mas com o compartilhamento de tela para demonstrar uma simulação utilizando o software MATLAB©.

Cabe salientar que, nessa disciplina, todo o material didático e as apresentações foram realizadas utilizando texto redigido em inglês. Trata-se de uma estratégia para contribuir para a formação do aluno, permitindo que ele tenha o contato com o idioma, considerado como um fator importante para o mercado de trabalho, e se familiarizando com os termos técnicos comumente utilizados na área de controle de processos.

[1]Kahoot! Disponível em: https://kahoot.it/.

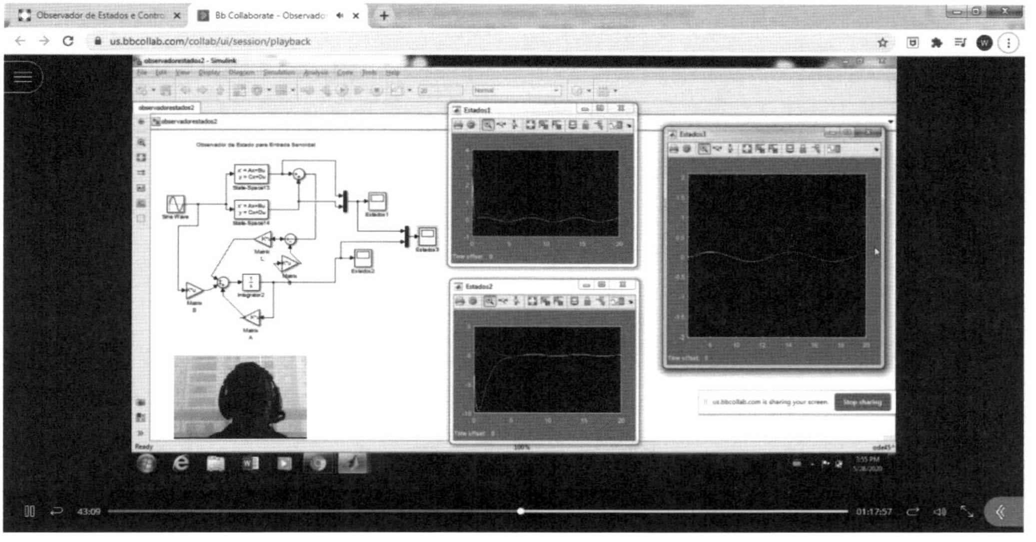

Figura 2.1 – Imagem do trecho de uma aula gravada com a visualização da imagem do professor/moderador.

2.4 Laboratórios remotos (Weblabs) no IMT

Com o avanço das tecnologias, a maioria dos sistemas de controle industriais são implementados utilizando tecnologias digitais baseadas em algoritmos computacionais. Essa característica é propagada no meio acadêmico, de forma que a grande maioria dos kits didáticos voltados para a área de controle de processos utilizam sistemas microcontrolados ou sistemas de aquisição de dados conectados aos computadores. Os softwares didáticos são utilizados para realizar a implementação do algoritmo de controle bem como a alteração dos parâmetros do controlador, de forma a permitir ao projetista que avalie o comportamento dinâmico dos sistemas diante de tais mudanças.

Os laboratórios remotos desenvolvidos no IMT consistem em aplicações que aplicam conceitos multidisciplinares, técnicas e ferramentas associadas às áreas de controle de processos, instrumentação, eletrônica, robótica, captura de imagem, fundamentos de cálculo, entre outros. A maioria dos projetos foi desenvolvida com os alunos de iniciação científica ou durante trabalhos de conclusão de curso.

O conceito aplicado aos WebLabs pode ser generalizado pelo diagrama de blocos da Figura 2.2, e indica os principais elementos da arquitetura utilizada.

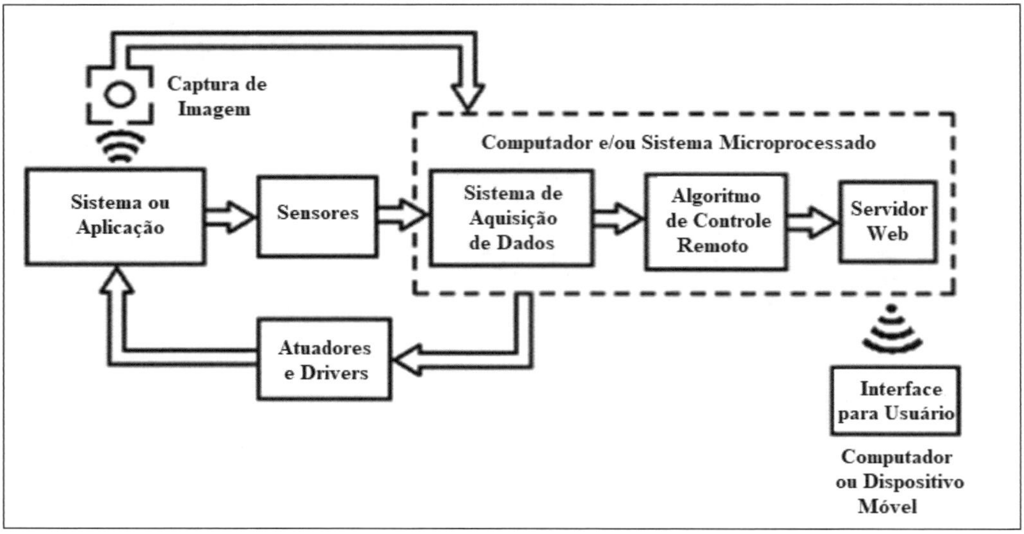

Figura 2.2 – Diagrama de blocos dos Weblabs desenvolvidos no IMT.

Os principais elementos constitutivos dos laboratórios remotos são:

- o sistema ou equipamento que se deseja controlar remotamente;
- sistema de monitoramento por sensores, os quais realizam a medição das variáveis de processo em tempo real, podendo incluir circuitos eletrônicos de condicionamento de sinal e transdutores;
- sistema de aquisição de dados que captura sinais na frequência de amostragem adequada e disponibiliza os dados para o sistema WebLab. Tais variáveis podem ser visualizadas (gráfica ou numericamente) na interface do usuário;
- atuadores e *drivers* necessários quando o projetista deseja não somente monitorar as variáveis, mas também controlá-las. Os *drivers* são circuitos ele-

trônicos utilizados para converter sinais de controle em níveis apropriados, dependendo da aplicação;

- algoritmo de controle, que pode ser um controlador convencional normalmente adotado em aplicações de controle (por exemplo, um controle PID) e/ou algoritmos que permitem processar as informações e definir as ações de acordo com os valores das variáveis medidas;
- sistema de captura de imagens, que adquire imagens em tempo real;
- servidor web, responsável por disponibilizar informações do sistema (sinais de sensores, imagens de equipamentos, etc.) na interface acessível pelo usuário remotamente;
- interface do usuário, que é o modo como o usuário acessa o experimento remoto pela internet, podendo ser por meio de um terminal de computador, dispositivo móvel, IHM (Interface Homem-Máquina), entre outros.

A principal limitação na utilização dos laboratórios remotos pelos alunos no IMT é a necessidade de utilização do software LabVIEW©, que exige dos usuários a instalação de um *plugin* para que a interface completa seja visualizada.

Outra limitação é a necessidade de deixar o equipamento em funcionamento contínuo, durante o dia e a noite, geralmente por um grande número de dias. Isso traz uma flexibilidade à utilização da aplicação pelo usuário, mas, por outro lado, torna a solução não sustentável. Essa limitação pode ser minimizada se o equipamento for colocado em operação apenas sob demanda, ou seja, quando alguém está interessado em controlar remotamente o equipamento ou quando o professor propõe uma atividade ou projeto usando o WebLab. Assim, evita-se o consumo desnecessário de energia, tornando as soluções mais sustentáveis e evitando a necessidade de manter um técnico continuamente monitorando o funcionamento do sistema para colocá-lo novamente em operação, em caso de problemas técnicos (por exemplo: queda de energia ou queda no sinal de internet). Outra alternativa interessante é o acesso ao laboratório remotamente utilizando conceitos de máquina virtual, por exemplo, uma aula online. Essas possibilidades serão mais bem detalhadas nas próximas seções.

Utilizando o WebLab é possível que várias pessoas acessem o mesmo experimento simultaneamente, embora somente uma delas possa interagir. De qualquer forma, quando há outro estudante controlando o equipamento, é possível visualizar os resultados. Além disso, o estudante pode solicitar o acesso ao experimento. Os WebLabs possuem um sistema que gerencia o controle de acesso, limitando um máximo tempo de utilização para cada e liberando o equipamento para que outros possam utilizá-lo, desde que esses tenham solicitado o acesso por meio da interface desenvolvida. O próprio software gerencia o controle de acessos tendo como referência um tempo que é ajustado pelo professor durante a configuração do servidor web.

Para permitir que o equipamento seja acessado por usuários externos, utiliza-se uma máquina conectada diretamente aos servidores do IMT para permitir o desbloqueio de restrições, embora haja a possibilidade de acesso somente à aplicação.

2.4.1 Ferramentas para acesso remoto aos equipamentos de laboratório

Uma alternativa para a realização dos experimentos didáticos com os equipamentos do laboratório é a utilização de ferramentas de acesso remoto. Estas permitem que os profissionais acessem outros computadores a distância, de forma virtual, e vêm sendo empregadas em sistemas de trabalho home office, bem como em aplicações de suporte técnico, por exemplo, o atendimento a um cliente, para resolver problemas de tecnologia da informação (TI), sem a necessidade de enviar um profissional na sua residência, escritório ou empresa.

A proposta consiste em acessar computadores remotamente, para realizar tarefas, encontrar arquivos, entre outras operações, sem precisar realizar o acesso presencialmente. Existem diversas ferramentas disponíveis no mercado, como o TeamViewer, o Chrome Remote Desktop, o Getscreen.me, o Microsoft Remote Desktop, o AnyDesk, o DameWare Mini Remote Control e o GoToMyPC (Log-

MeIn). No ensino de controle de processos, tem sido utilizada a ferramenta TeamViewer no IMT, a qual funciona em computadores e dispositivos móveis com Windows, MacOs, Linux, Android, iOS, Chrome OS e Raspberry Pi. Trata-se de uma aplicação de uso privado (não comercial) e que oferece opções de planos de assinatura para as empresas com período de teste gratuito. Por meio dessa ferramenta foi possível acessar os laboratórios remotos (WebLabs) instalados nos computadores do laboratório visando controlar as aplicações de controle e utilizá-las como ferramentas de ensino-aprendizagem.

A principal vantagem da utilização do acesso virtual a computadores em relação ao acesso direto pela web, utilizando o link da aplicação direto no navegador, é a possibilidade de o usuário ter acesso a toda a aplicação, não somente à interface disponível para o usuário, ou seja, é como se o professor realmente estivesse trabalhando no computador do laboratório. Dessa forma, é possível abordar a lógica dos algoritmos utilizados na criação do laboratório remoto, bem como migrar de uma aplicação para outra com facilidade, sem a necessidade de sua ida ao laboratório para realizar alterações na montagem do sistema.

Contudo, o emprego de ferramentas de acesso remoto também apresenta limitações. Somente um aluno pode acessar a máquina virtual de cada vez. Se mais de uma pessoa tenta acessar o equipamento ao mesmo tempo, o acesso é bloqueado e, dependendo da ferramenta utilizada, a comunicação pode ser interrompida. Por isso, essa alternativa é interessante quando se garante que somente uma pessoa realizará o acesso, por exemplo, o professor utilizando o laboratório remoto durante uma aula online.

2.5 Estudos de casos de Weblabs no IMT

Nesta seção são apresentados dois estudos de casos que foram desenvolvidos e estão sendo utilizados nos laboratórios do IMT. Um é o Weblab com o experimento de controle de velocidade e de posição de um servomotor CC e o segundo é o controle de nível em tanques acoplados.

2.5.1 Weblabs de controle de velocidade e posição de servomotor CC

O primeiro laboratório remoto do IMT foi criado em 2010 (Assis *et al.*, 2013) e continua operando normalmente. Trata-se de um sistema de controle de velocidade e posição de um motor, como ilustrado na Figura 2.3, o qual possui sensoriamento por meio de sensores ópticos. O sistema consiste em um kit didático CtBoard, projetado para engenheiros do IMT a fim de desenvolver aplicações de controle, junto com o kit ELVIS© (*Educational Laboratory Virtual Instrumentation Suite*) da National Instruments.

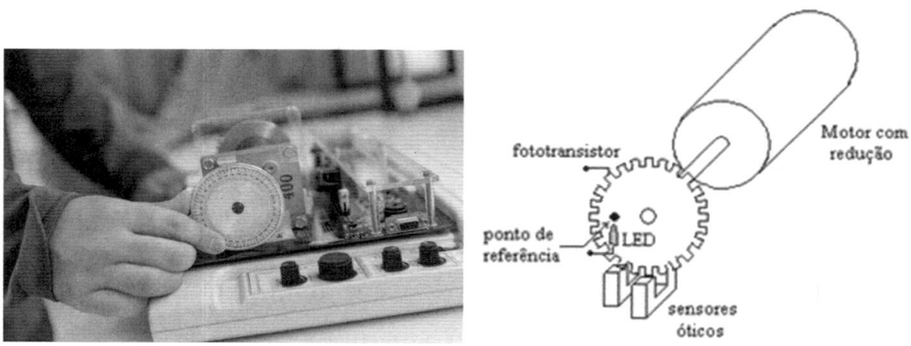

(a) (b)

Figura 2.3 – Sistema de controle de velocidade e posição de servomotor desenvolvido. (a) Foto do kit didático; (b) esboço do sistema.

O aplicativo com acesso remoto foi realizado usando software desenvolvido no LabVIEW©, incluindo um servidor web, o qual pode ser configurado para limitar o tempo de acesso de cada usuário, bem como gerenciar as solicitações de acesso. Através da interface do WebLab, apresentada na Figura 2.4, é possível realizar ensaios em malha aberta e em malha fechada, modificando a entrada de referência (*setpoint*) para produzir alterações na velocidade ou no posicionamento angular do motor (a variável é selecionada pelo usuário). Também é possível sintonizar os parâmetros de um controlador PID inserido na malha fechada. A arquitetura do controlador PID implementado é equivalente à demonstrada na aplicação de controle de nível detalhada na subseção 2.5.2. O ajuste pode ser realizado em tempo real pelo usuário, utilizando a interface acessível na internet, onde é possível visualizar o comportamento dinâmico do sistema a partir de modificações dos parâmetros do controlador.

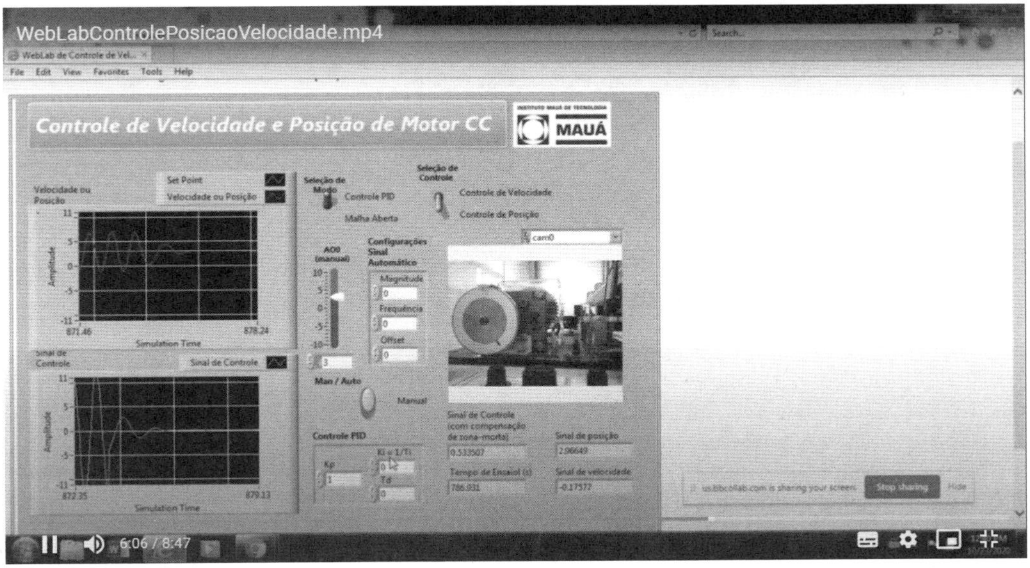

Figura 2.4 – Interface do WebLab de controle de velocidade e posição de servomotor.

Uma alternativa para o sistema indicado na Figura 2.3 é o sistema de controle de velocidade de motor CC[2] ilustrado na Figura 2.5. Trata-se de uma aplicação mais robusta, com características dinâmicas bastante diferentes, mas que permite o controle apenas da velocidade.[3]

Nesse caso, a estratégia adotada consiste em realizar o acesso virtual ao computador do laboratório usando a ferramenta TeamViewer. Essa estratégia é mostrada claramente no vídeo produzido pelo professor e utilizado como recurso di-

[2] O vídeo mostrando a utilização do "WebLab de Controle de Velocidade e Posição de Motor CC" está disponibilizado no repositório deste livro no site da Editora Blucher.

[3] O vídeo mostrando a utilização do "WebLab de Controle de Velocidade" está disponibilizado no repositório deste livro no site da Editora Blucher.

dático para demonstrar uma aplicação de controle de velocidade de motor, disponibilizado aos alunos para visualização a qualquer momento, como um complemento às aulas realizadas.

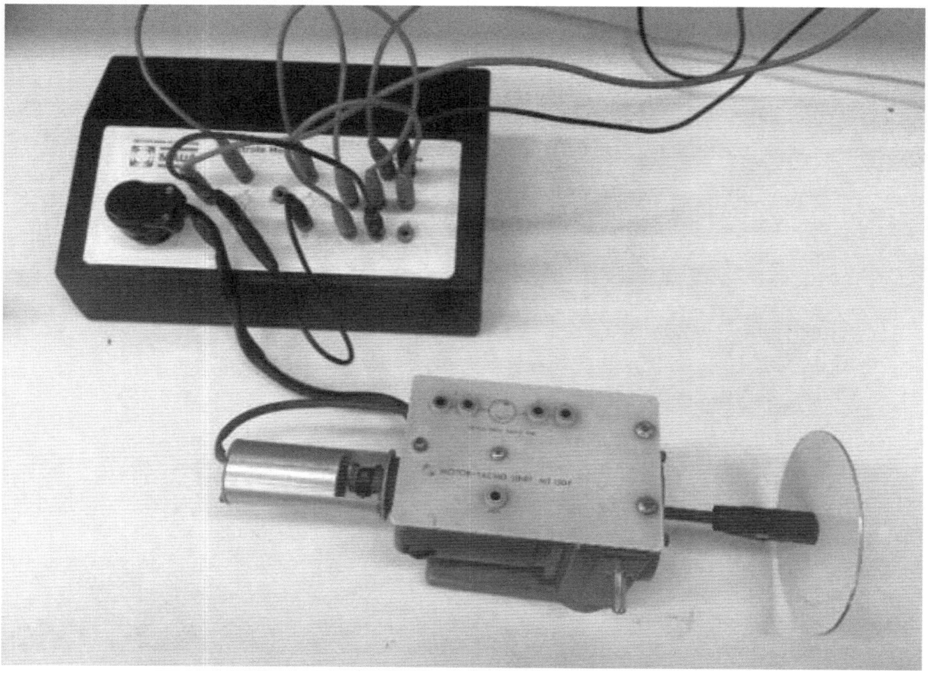

Figura 2.5 – Sistema de controle de velocidade de motor.

Os experimentos que podem ser realizados utilizando esses laboratórios remotos incluem: i) a modelagem matemática e a identificação de sistemas por meio de ensaios de resposta a degrau; ii) a identificação de modelos pelo método dos mínimos quadrados; iii) a sintonia e implementação de controladores PID.

2.5.2 Weblab do sistema de controle de nível

O sistema de controle de nível da Figura 2.6 é uma aplicação didática e seu hardware consiste em uma planta de controle de fluidos, que inclui sensores de nível (1), fluxo (2), e de temperatura (3), e uma bomba (4), que permite a transferência de fluido do tanque inferior (5), para o tanque superior (6). Dispositivos eletrônicos foram introduzidos ao sistema original com o objetivo de permitir que o controle seja realizado computacionalmente por meio de uma interface desenvolvida no software LabVIEW© (Assis *et al.*, 2019).

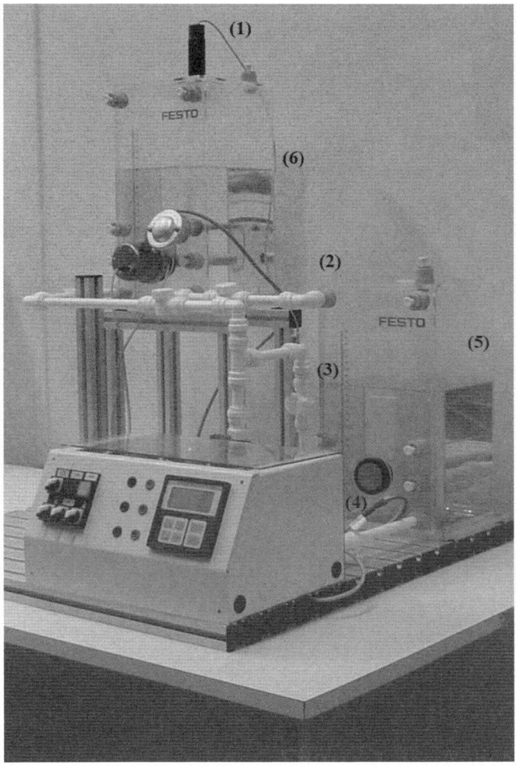

Figura 2.6 – Sistema de controle de nível.

O diagrama da aplicação é ilustrado na Figura 2.7 e inclui a planta de controle de nível, uma placa de condicionamento de sinal, uma placa Arduino Uno, um *driver* eletrônico para o acionamento da bomba usando um sinal PWM (*pulse width modulation*) e, finalmente, um computador onde o algoritmo de controle é inserido. Deve ser observado que o aplicativo permite o acesso à interface de forma remota por meio de uma página da web, incluindo a possibilidade de uso de dispositivos móveis para tal.

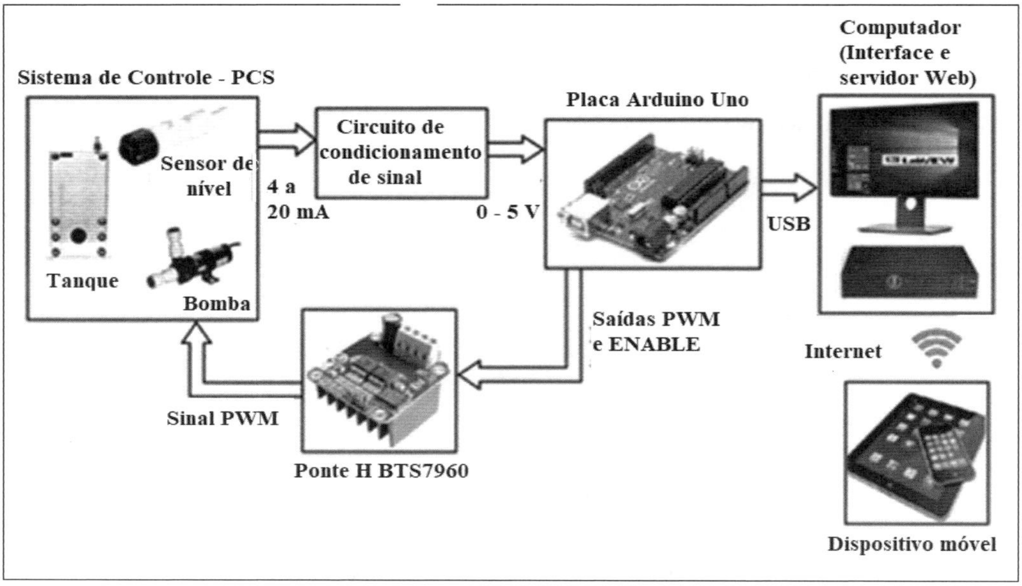

Figura 2.7 – Diagrama de conexões do sistema de controle de nível.

Na disciplina de Sistemas de Controle II, onde esse Weblab é utilizado, os alunos foram estimulados a acessarem remotamente o experimento e ajustar os parâmetros do controlador. Todo o projeto do sistema foi discutido em aulas anteriores, destacando-se o levantamento da curva característica do sensor de nível, a modelagem matemática do sistema e a sintonia do controlador PID, por meio de diferentes técnicas do controle avançado.

Acessando a aplicação de controle de nível por meio da interface do WebLab (Figura 2.8), o usuário pode realizar os seguintes experimentos remotos:

- ensaio para obtenção da curva característica que relaciona o nível em função da tensão medida no sensor de nível usando o Método dos Mínimos Quadrados (MMQ);
- identificação da função de transferência por meio de ensaio de resposta a degrau em malha aberta;
- sintonia de controlador PID para o sistema de controle de nível em malha fechada.

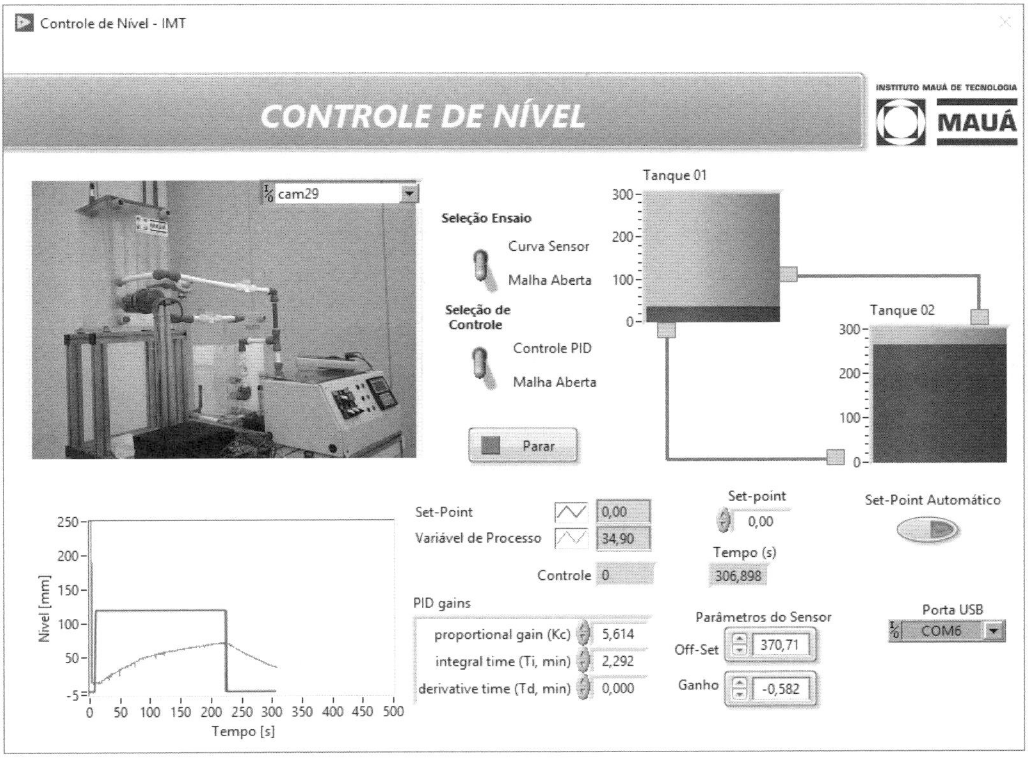

Figura 2.8 – Interface do WebLab de controle de nível.

Curva-característica e relação nível versus tensão

Esse experimento permite deduzir a relação entre o nível do tanque (em milímetros) em função da tensão medida no sensor (em volts). Dessa forma, variando diretamente a tensão na bomba, o usuário mede os valores em volts advindos do sensor e observa o nível (em mm) diretamente no tanque. Nesse caso, o usuário pode utilizar a imagem capturada em tempo real para desenvolver essa atividade remotamente. Usando dois pontos de medição, o usuário pode deduzir (2.1) que representa e equação da linha reta:

$$h(t) = as(t) + b \tag{2.1}$$

com: $h(t)$, sendo o nível do tanque; $s(t)$, o valor da tensão medida pelo sensor de nível; a e b são os parâmetros da equação linear que relaciona o nível à tensão medida.

Após deduzir os valores, o aluno pode ajustar os parâmetros a e b na interface. Esse ajuste é importante para que a variável medida na interface coincida com os valores dos níveis efetivos do tanque. Portanto, após esse ajuste, o usuário pode verificar se a variável calculada $h(t)$ coincide com o valor apresentado diretamente na imagem capturada em tempo real pelo WebLab.

Modelagem matemática do sistema

Esse experimento permite deduzir o modelo aproximado do sistema de controle de nível, que pode ser representado pela função de transferência de primeira ordem, dada por:

$$V_H(s) = \left(\frac{K_S}{\tau s + 1}\right) V_{Control}(s) = \left(\frac{K_S/\tau}{s + 1/\tau}\right) V_{Control}(s) \tag{2.2}$$

os quais τ e K_S são, respectivamente, a constante de tempo e o ganho estático do sistema.

No modelo resultante são desconsiderados os atrasos correspondentes ao sistema de aquisição utilizando a entrada analógica da placa Arduino, bem como eventuais componentes de atraso nos circuitos de condicionamento de sinal e no circuito amplificador com ponte H. Como o tempo de resposta nesses sistemas é mais rápido do que a dinâmica do nível, as correspondentes constantes de tempo são desprezíveis.

O modelo pode ser determinado por meio da aquisição de dados do sinal do sensor de nível (saída) após submeter o sistema a um ensaio de resposta ao sinal do tipo degrau (entrada), como indicado no gráfico da interface WebLab na Figura 2.8. Um exemplo é mostrado na Figura 2.9. Contudo, deve-se salientar que o ensaio deve ser realizado certificando-se que o sinal do sensor estabilize-se em regime permanente.

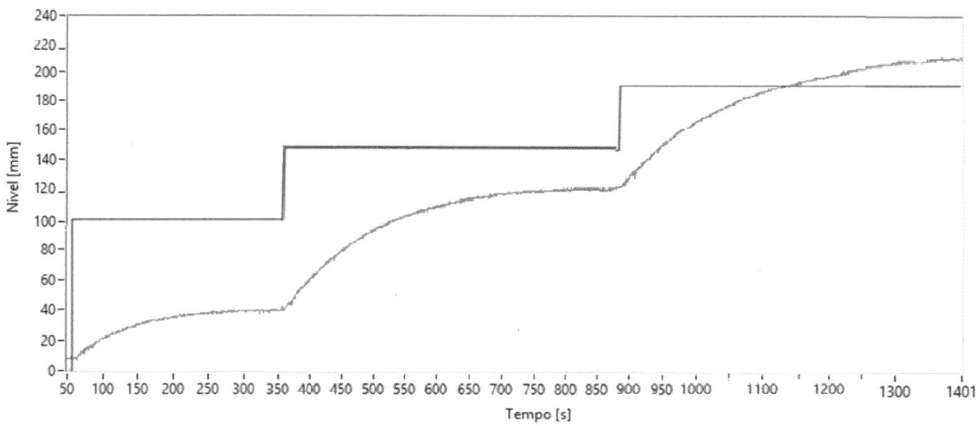

Figura 2.9 – Ensaio de resposta a degrau para identificação do modelo do sistema.

Fonte: dados da pesquisa.

Sintonia dos parâmetros do controlador PID

A implementação do controle de nível pode ser realizada através da estratégia de controle em malha fechada utilizando controladores PID, em sua arquitetura paralela, como apresentado em:

$$G_C(s) = \frac{U(s)}{E(s)} = K_P\left(1 + \frac{1}{T_I s} + T_d s\right) \tag{2.3}$$

Os parâmetros K_P, T_I e T_d, que são o ganho da ação proporcional, tempo integral e tempo derivativo, respectivamente, devem ser ajustados pelo projetista para produzir um desempenho adequado, tipicamente eliminando o erro estacionário do sistema e garantindo uma resposta relativamente rápida e sem oscilação. Na sintonia dos parâmetros do controlador PID, podem ser adotadas diversas metodologias, as quais são apresentadas aos alunos durante as aulas teóricas, como: método de Ziegler-Nichols, método do cancelamento de polos, método da síntese direta, entre outros.

Um resumo da utilização do sistema de controle de nível e a realização dos experimentos pode ser visto no vídeo gravado pelo professor novamente utilizando o acesso virtual a um dos computadores do laboratório usando a ferramenta TeamViewer.[4]

2.6 Conclusões e observações finais

Os WebLabs foram utilizados como ferramenta de ensino no tema relacionado a "Controle de Processos" na última série do curso de Engenharia Eletrônica e no curso de pós-graduação em Engenharia de Controle de Processos Industriais, bem como em atividades complementares.

Em todos os casos, o diferencial é a possibilidade de utilizar os recursos didáticos remotamente, o que proporciona versatilidade ao aluno devido à sua utilização a qualquer momento. Também se acrescentam como diferenciais a flexibilidade e a autonomia, pois o próprio aluno controla o passo a passo de realização do experimento, permitindo maiores possibilidades de aprendizagem.

Todos os WebLabs desenvolvidos possuem interfaces fáceis de usar e com algoritmos eficientes. No entanto, uma grande desvantagem é a necessidade de instalar um *plugin* do software LabVIEW©, exigindo um procedimento, que pode consumir tempo dependendo do computador e, consequentemente pode ser desanimador, especialmente para aqueles que não têm muito tempo para se dedicar tentando acessar o experimento. Embora o software apresente essas desvantagens, a opção de usá-lo se deve apenas à facilidade de desenvolvimento de algoritmos de controle, utilizando programação gráfica e intuitiva, fácil para os alunos entenderem, além da facilidade de criar interfaces com design atraente e intuitivo. Uma alternativa que se mostrou bastante conveniente é o acesso utilizando recursos de máquina virtual, de forma que o controle dos experimentos passou a ser realizado diretamente no computador do laboratório.

[4] O vídeo está disponibilizado no repositório deste livro no site da Editora Blucher.

Diversas melhorias estão sendo realizadas visando tornar as aplicações didáticas mais completas, facilitar a utilização e introduzir outras funcionalidades. Para isso os seguintes projetos de pesquisa vêm sendo implementados:

- Desenvolvimento de interfaces didáticas para os WebLabs utilizando softwares *open source* que permitam o acesso por páginas web responsivas, didáticas, atraentes e amigáveis, proporcionando um estímulo para que os alunos utilizem a ferramenta em diversos tipos de sistemas controlados remotamente. Adicionalmente, o sistema deve inserir todas as funcionalidades desejáveis para as aplicações de controle de processos.
- Introdução de diversos outros recursos que proporcionem uma abordagem abrangente de diversas metodologias de identificação de sistemas, sintonia de controladores PID e outras técnicas de controle avançado.

Referências

AGRAWAL, A.; SRIVASTAVA, S. WebLab: a generic architecture for remote laboratories. *In*: INTERNATIONAL CONFERENCE ON ADVANCED COMPUTING AND COMUNICATIONS (ADCOM 2007), 15., 2007, Guwahati. **Proceedings** [...]. Guwahati: IEEE, 2007. DOI: https://doi.org/10.1109/ADCOM.2007.71.

ASGARI, S.; TRAJKOVIC, J.; RAHMANI, M.; ZHANG, W.; LO, R. C.; SCIORTINO, A. An observational study of Engineering online Education during the COVID-19 pandemic. **PLoS ONE**, v. 16, n. 4, 2021. DOI: https://doi.org/10.1371/journal.pone.0250041.

ASSIS, W. O.; COELHO, A. D. Uso de tecnologias de acesso remoto e weblabs como estratégias de ensino-aprendizagem no contexto da pandemia do corona vírus. *In*: CONGRESSO BRASILEIRO DE EDUCAÇÃO EM ENGENHARIA (COBENGE 2020), 47., 2019. **Anais** [...]. ABENGE, 2020. DOI: http://dx.doi.org/10.37702/COBENGE.2020.3133.

ASSIS, W. O.; COELHO, A. D.; GEDRAITE, R.; MATTA, E. N.; KUNIGK, L. An educational tool with remote access for teaching modelling control systems for Engineering courses. In: IASTED INTERNATIONAL CONFERENCE ON MODELLING, SIMULATION AND IDENTIFICATION (MSI 2016), 6., Campinas, 2016. **Proceedings** [...]. Campinas, 2016.

ASSIS, W. O.; COELHO, A. D.; PACHECO, V. G.; GEDRAITE, R.; PIRES, R. C. Applying the concept of WebLab in a playful way: the Electronic Engineering hands on. *In*: INTERNATIONAL CONGRESS OF SCIENCE EDUCATION (ICSE 2014), 2., 2014, Foz do Iguaçu. **Proceedings** [...]. Foz do Iguaçu, 2014.

ASSIS, W. O.; COELHO, A. D.; SOUZA JÚNIOR, J. C.; KUNIGK, L.; MORAIS, A. S.; LEMOS, G. M.; GEDRAITE, E. S.; TAKAHASHI, E. K.; GEDRAITE, R. WebLab for control applications in Engineering Education. *In*: IASTED INTERNATIONAL CONFERENCE ON WEB-BASED EDUCATION (WBE 2013), 10., 2013, Innsbruck, 2013. **Proceedings** [...]. Innsbruck, 2013.

ASSIS, W. O.; GONÇALVES, H. S. B.; SILVA, G. T.; COELHO, A. D. Uma aplicação de controle de nível com acesso remoto pela web (Weblab). *In*: CONGRESSO BRASILEIRO DE EDUCAÇÃO EM ENGENHARIA (COBENGE 2019), 47., 2019, Fortaleza. **Anais** [...].ABENGE: Fortaleza, 2019. Disponível em: http://www.abenge.org.br/sis_submetidos.php?acao=abrir&evento=COBENGE19&codigo=COBENGE19_00094_00002088.pdf. Acesso em: 2 mar. 2022.

CAVUS, N.; SEKYERE-ASIEDU, D. A comparison of online video conference platforms: their contribution to education during COVID-19 pandemic. **World Journal on Educational Technology: Current Issues**, v. 13, n. 4, p. 1162-1173, 2021. DOI: https://doi.org/10.18844/wjet.v13i4.6329.

CRUZ, A. J. G.; JESUS, C. D. F.; GIORDANO, R. C.; NASCIMENTO, C. A. O.; LE ROUX, G. A. C.; LOUREIRO, L. V. Experimento de controle de nível operado remotamente via internet: projeto WebLab. *In*: CONGRESSO BRASILEIRO DE ENSINO DE ENGENHARIA (COBENGE 2005), 33., Campina Grande. **Anais** [...]. Campina Grande: ABENGE, 2005. Disponível em: http://www.abenge.org.br/cobenge/legado/arquivos/14/artigos/SP-9-64442438153-1118437983796.pdf. Acesso em: 2 mar. 2022.

FIDALGO, A. V.; ALVES, G. R.; MARQUES, M. A.; VIEGAS, M. C.; COSTA-LOBO, M. C.; HERNANDEZ-JAVO, U.; GARCIA-ZUBIA, J.; GUSTAVSSON, I. Adapting remote labs to learning scenarios: case studies using VISIR and RemotElectLab. **IEEE Revista Iberoamericana de Tecnologias del Aprendizage**, v. 9, n. 1, p. 33-39, 2014. DOI: https://doi.org/10.1109/RITA.2014.2302071.

GARCIA-ZUBIA, J.; LOPES-DE-IPINA, D.; ORDUNA, P.; HERNANDEZ-JAYO, U. Experience with WebLab-Deusto. *In*: IEEE INTERNATIONAL SYMPOSIUM ON INDUSTRIAL ELECTRONICS, 2006, Montreal. **Proceedings** [...]. IEEE: Montreal, 2006. DOI: https://doi.org/10.1109/ISIE.2006.296127.

GULLINO, S.; SHTEBUNAEV, S.; WAKERLEY, E. **Podcasting and collaborative learning practices in placemaking studies**. *In*: Participatory pratics for higher education in planning and placemaking, 2022. Disponível em: http://www.open-access.bcu.ac.uk/id/eprint/13010. Acesso em: 18 jun. 2022.

HERNÁNDEZ-DE-MENÉNDEZ, M.; GUEVARA, A. V.; MARTÍNEZ, J. C. T.; ALCÁNTARA, D. H.; MORALES-MENENDEZ, R. Active learning in engineering education. A review of fundamentals, best practices and experiences. **International Journal on Interactive Design and Manufacturing (IJIDeM)**, v. 13, p. 909-922, 2019. DOI: https: //doi.org/10.1007/s12008-019-00557-8.

JESUS, C. D. F.; GIORDANO, R. C.; CRUZ, A. J. G.; ALLIET-GAUBERT, M.; JOULIA, X.; ROUZINEAU, D.; ALBERT, J.; COUFORT, C.; LE ROUX; G. C. WebLab in Chemical Engineering between France and Brazil: validation of the methodology. *In*: INTERNATIONAL CONFERENCE ON ENGINEERING EDUCATION (ICEE 2007), 2007, Coimbra. **Proceedings** [...]. Coimbra, 2007. Disponível em: http://icee2007.dei.uc.pt/proceedings /papers/351.pdf. Acesso em: 2 mar. 2022.

KHADDAGE, F.; FAYAD, R.; MOUSSALLEM, I. Online learning and the role of technologies during COVID19 pandemic "Higher Education Lebanon case. *In*: EdMEDIA + INNOVATE LEARNING ONLINE. **Proceedings** [...]. Association for the Advancement of Computing in Education (AACE): Waynesville, USA, p. 623-630, 2020. Disponível em: https://www.learntechlib.org/primary/p/217361/. Acesso em: 2 mar. 2022.

KURBAKOVA, S.; VOLKOVA, Z.; KURBAKOV, A. Virtual learning and education environment: new opportunities and challenges under the COVID-19 pandemic. *In*: INTERNATIONAL CONFERENCE ON EDUCATION AND MULTIMEDIA TECHNOLOGY (ICEMT 2020), 4., 2020, Kyoto. **Proceedings** [...]. Kyoto, p. 167-171, 2020. DOI: https: //doi.org/10.1145/3416797.3416838.

LANDIN, P. N.; GUSTAFSSON, S.; FAGER, C; ERIKSSON, T. WebLab: a web-based setup for PA digital predistortion and characterization. **IEEE Microwave Magazine**, v. 16, n. 1, p. 138-140, 2015. DOI: https://doi.org/10.1109/MMM.2014.2367857.

MARQUES; A.; VIEGAS, M. C.; COSTA-LOBO, M. C.; FIDALGO, A. V.; ALVES, G. R.; ROCHA, J. S.; GUSTAVSSON, I. How remote labs impact on course outcomes: various practices using VISIR. **IEEE Transactions on Education**, v. 57, n. 3, p. 151-159, 2014. DOI: https://doi.org/10.1109/TE.2013.2284156.

MARQUES, R. A ressignificação da Educação e o processo de ensino e aprendizagem no contexto de pandemia da COVID-19. **Brazilian Journal of Development**, v. 6, n. 11, 2020. DOI: https://doi.org/10.34117/bjdv6n11-148.

MATTA, E. N.; ASSIS, W. O.; GOMES, M. M.; BARBOSA, V. P.; GEDRAITE, R.; ATAÍDE, C. H. Contribuição para o melhor aproveitamento de fluído de perfuração de poços de petróleo: uma abordagem utilizando processamento de imagem. **Brazilian Journal of Development**, v. 5, n. 4, p. 3645-3659, 2019. DOI: https://doi.org/10.34117/bjdv5n5-1528.

MOHAMMED, A. K.; EL ZOGHBY, H. M.; ELMESALAWY, M. M. Remote controlled laboratory experiments for Engineering Education in the post-COVID-19 era: concept and example. *In*: NOVEL INTELLIGENT AND LEADING EMERGING SCIENCES CONFERENCE (NILES), 2., 2020, Giza. **Proceedings** [...]. IEEE: Giza, 2020, p. 629-634. DOI: https://doi.org/10.1109/NILES50944.2020.9257888.

MOISE, D.; DIACONU, A.; NEGESCU, M. D. O.; GOMBOS, C. C. Online education during pandemic times: advantages and disadvantages. **European Journal of Sustainable Development**, v. 10, n. 4, p. 63-71, 2021. DOI: https://doi.org/10.14207/ejsd.2021.v10n4p63.

MUNIADY, V.; ALI, A. Z. M. The effect of valence and arousal on virtual agent's designs in quiz based multimedia learning environment. **International Journal of Instruction**, v. 13, n. 4, p. 903-920, 2020. DOI: http://dx.doi.org/10.29333/iji.2020.13455a.

NEGRI, F.; ZUCOLOTO, G.; MIRANDA, P.; KOELLER, P. **Ciência e tecnologia frente à pandemia**. Como a pesquisa científica e a inovação estão ajudando a combater o novo coronavírus no Brasil e no mundo. IPEA – Instituto de Pesquisa Econômica Aplicada. Centro de Pesquisa em Ciência, Tecnologia e Sociedade. Disponível em:

https://www.ipea.gov.br/cts/pt/central-de-conteudo/artigos/artigos/182-corona. Acesso em: 3 abr. 2022.

RODRIGUES-GIL, L.; ORDUÑA, P.; GARCIA-ZUBIA, J.; LOPES-DE-IPIÑA, D. Advanced integration of openlabs VISIR (Virtual Instrument Systems in Reality) with Weblab-Deusto. *In*: INTERNATIONAL CONFERENCE ON REMOTE ENGINEERING AND VIRTUAL INSTRUMENTATION, 9., 2012, Bilbao. **Proceedings** [...]. Bilbao: IEEE, 2012. DOI: https://doi.org/10.1109/REV.2012.6293150.

SPURK, D.; STRAUB, C. Flexible employment relationships and careers in times of the COVID-19 pandemic. **Journal of Vocational Behavior**, v. 119, 2020. DOI: https://doi.org/10.1016/j.jvb.2020.103435.

STEFANOVIC, M.; MATIJEVIC, M.; CVIJETKOVIC, V.; SIMIC, V. Web-based laboratory for Engineering Education. **Computer Applications in Engineering Education**, v. 18, n. 3, p. 526-536, 2010. DOI: https://doi.org/10.1002/cae.20222.

TORRES-MADROÑERO, E. M.; TORRES-MADROÑERO, M. C.; BOTERO, L. D. R. Challenges and possibilities of ICT-mediated assessment in virtual teaching and learning process. **Future Internet**, v. 12, n. 12, 2020. DOI: https://doi.org/10.3390/fi12120232.

Capítulo 3

Automação e controle de um processo industrial em um ambiente virtual: estudo de caso

Ricardo Paulino Marques
Bruno Augusto Angélico

3.1 Introdução

Os alunos do quarto ano da graduação em Engenharia Elétrica com ênfase em Automação e Controle da Escola Politécnica da Universidade de São Paulo (EPUSP) tradicionalmente cursam uma disciplina denominada Laboratório de Automação (LABAUT), com sessenta horas de atividades práticas de projeto e implementação de controladores e programação de controladores lógicos programáveis (CLP). O perfil inicial dos alunos inclui os fundamentos de controle linear (projeto em domínio da frequência, lugar geométrico das raízes, controle PID etc.), entre outros assuntos da ênfase.

No contexto da necessidade de distanciamento social a partir de 2020 devido à pandemia de covid-19, optou-se pela criação de uma prática remota de longa duração, aderente às atuais Diretrizes Curriculares Nacionais (DCN) dos cursos de Engenharia (Brasil, 2019) e que cumprisse o papel de projeto integrador, relacionando-se objetivamente com outras disciplinas e tópicos do currículo.

As principais premissas para a criação da atividade foram: i) que a experiência do aluno deveria ser a mais próxima possível daquela de um projeto real em ambiente industrial; ii) que as ferramentas, abordagens e soluções similares às utilizadas na indústria fossem utilizadas; iii) que toda a sua realização pudesse ser realizada remotamente, sem a necessidade de instalações ou equipamentos especiais.

A atividade deveria incluir todo o ciclo de projeto de um sistema de automação e controle, partindo da análise de requisitos, síntese e análise dos controladores, implementação em CLP, produção de uma interface humano-máquina (IHM) em sistema supervisório e, finalmente, integração de todos os sistemas com comunicação baseada em padrões industriais, tendo sido adotado o uso do protocolo Modbus como base.

Um processo industrial implementado por simulado foi criado como objeto de estudo. No processo da Unidade de Aquecimento de Água de Alimentação (UAAA) desenvolvido, todos os elementos foram implementados virtualmente e integrados em uma rede virtual, tendo sido criadas três máquinas virtuais: uma para a planta (UAAA), uma para o controlador do processo com um CLP virtual e outra para o sistema supervisório (*Supervisory Control And Data Acquisition* – SCADA), obtendo-se um ambiente virtual de um processo industrial completo.

O tema do laboratório virtual é discutido por Tlaczala, Grajner e Zaremba (2008), que propuseram um laboratório virtual de física nuclear com foco em radiação gama e um aplicativo desenvolvido para experimentos virtuais. Luse, Brown e Rursch (2021) desenvolveram um laboratório híbrido para o ensino de redes sem fio 802.11, baseado no hipervisor ESXi e em um *array* de adaptadores 802.11 USB. Guzmán e Joseph (2021) apresentaram o desenvolvimento de um laboratório virtual via rede para um processo digestor anaeróbico. Em Ayas e Altas (2015), um laboratório de controle virtual é desenvolvido para simulação de controladores PID e Fuzzy. Outro exemplo é o software OPTILAB, desenvolvido por Gamo (2019) para simulação de sistemas ópticos e fotônica.

Este capítulo apresenta um ambiente virtual para realização de práticas de automação e controle em nível de graduação, adequado à realização remota, envolvendo o projeto, a verificação e validação (V&V) e a implantação de sistemas de controle em uma simulação de ambiente industrial realista, compreendendo o cumprimento de várias etapas de projeto e o uso de aplicações e sistemas industriais típicos: CLPs, sistemas supervisórios, redes e protocolos industriais de comunicações.

O restante do capítulo está organizado da seguinte forma: a Seção 3.2 apresenta o processo industrial, enquanto a Seção 3.3 aborda a metodologia utilizada para o desenvolvimento do ambiente virtual. O experimento virtual em si é descrito na Seção 3.4, que também apresenta respostas a um questionário de avaliação da atividade, uma proposta de mapeamento de competências baseado em modelo de conhecimento, habilidades e atitudes (*Knowledge, Skills, Abilities* – KSA) (Wolf, 1995), além de uma discussão sobre possíveis desdobramentos. A Seção 3.5 conclui o capítulo com a defesa da metodologia proposta como alternativa viável, sólida e sustentável para o estudo prático de projetos de automação e controle em ambiente industrial.

3.2 O processo industrial

A UAAA, esquematizada na Figura 3.1, é um subsistema típico de processos industriais que se destina a regularizar a pressão e a temperatura de uma linha de água de alimentação (LAA) sendo composta por: um tanque de aquecimento (TAC) e um tanque de alimentação (TAL); agitadores (AGA e AGL); uma válvula de alimentação (VAL); um sistema trocador de calor (QTR) composto de uma bomba de circulação (BCA) e de um aquecedor (AQC). Apesar de ser um processo simulado, a UAAA reproduz uma operação realizada em diversas instalações industriais reais.

Há uma demanda variável de água da linha de alimentação, cuja temperatura deve ser mantida constante. Essa demanda deve ser suprida pela linha de água geral (LAG), que tem temperatura variável. Para se ajustar a temperatura do tanque de alimentação (TAL), a água do tanque de aquecimento (TAC), impulsionada pela bomba de circulação (BCA), circula através do trocador de calor (QTR). A água do tanque de acumulação, que circula em circuito fechado, tem sua temperatura ajustada pelo aquecedor (AQC).

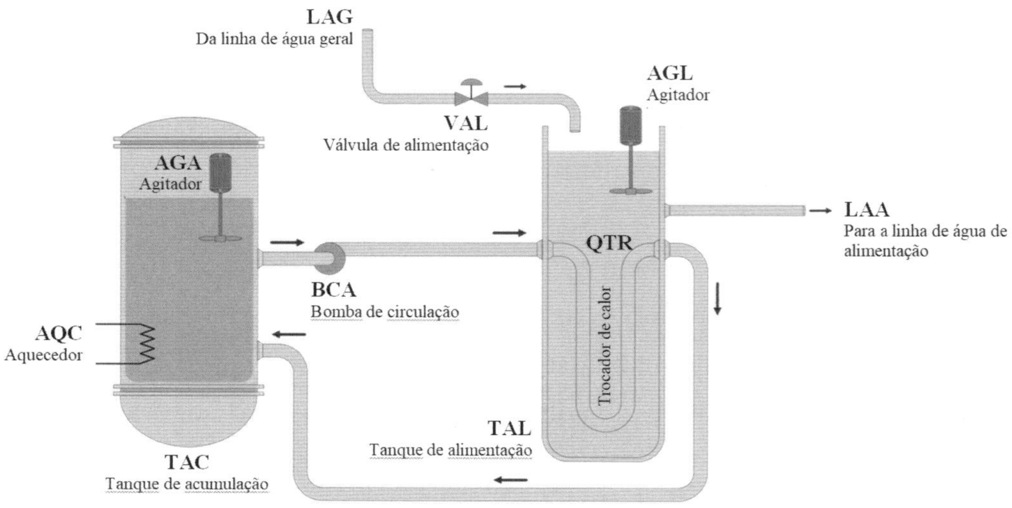

Figura 3.1 – Diagrama da UAAA.

Para o correto funcionamento do sistema, é necessário manter padrões operacionais e de segurança de diversas variáveis, como resumido no Quadro 3.1. Os pontos de atuação do sistema são apresentados no Quadro 3.2.

Para cumprir os requisitos operacionais e de proteção do Quadro 3.1, são definidas as malhas de regulação e os intertravamentos operacionais e de proteção do Quadro 3.3. Os sensores do processo são mostrados no diagrama da Figura 3.2 com a simbologia da norma ANSI/ISA 5.1 (ANS, 2009) e relacionados no Quadro 3.4.

Os pontos de atuação do sistema estão apresentados no Quadro 3.2. Conforme o quadro, as variáveis medidas são: temperaturas nos tanques TAL e TAC, nível no tanque TAL. As variáveis manipuladas são o estado (*on/off*) dos agitadores AGL e AGA, a abertura da válvula VAL, a velocidade da bomba BCA e a potência do aquecedor AQC. As malhas de regulação e proteção estão detalhadas no Quadro 3.3.

Quadro 3.1 – Requisitos operacionais e de proteção para a UAAA

	Variável	Requisitos
Operacionais	Nível do tanque TAL	O nível do tanque deve ser mantido constante.
	Temperatura do tanque TAL	A temperatura do tanque deve ser mantida constante.
	Nível do tanque TAC	O tanque TAC opera em circuito fechado, portanto não há necessidade de se controlar o nível, que deve ser apenas monitorado.
	Temperatura do tanque TAC	A temperatura do tanque deve ser mantida constante.
	Perfil de temperatura do tanque TAL	A diferença de temperaturas entre as vizinhanças do trocador de calor QTR e da saída de água de alimentação deve ser minimizada.
	Perfil de temperatura do tanque TAC	A diferença de temperaturas entre as vizinhanças do aquecedor AQC e da saída do trocador de calor deve ser minimizada.
Proteção	Nível do tanque TAL	O nível do tanque deve ser mantido entre um valor mínimo para evitar o descobrimento do trocador de calor e um valor máximo para evitar o transbordo.
	Temperatura do tanque TAL	A temperatura máxima do tanque TAL (nas vizinhanças do trocador de calor) deve ser mantida abaixo do valor de 90 °C para evitar que se atinja o fluxo crítico de calor (Ganapathy, 2015).
	Nível do tanque TAC	O nível do tanque deve ser mantido entre um valor mínimo para evitar o descobrimento do aquecedor e um valor máximo para evitar o transbordo.
	Temperatura do tanque TAC	A temperatura máxima do tanque TAC (nas vizinhanças do aquecedor) deve ser mantida abaixo do valor de 90 °C para evitar que se atinja o fluxo crítico de calor.

Quadro 3.2 – Atuadores da UAAA

Atuador	Atuação	Comentários
AGL	Liga/desliga	O agitador AGL atua na uniformização da temperatura no tanque TAL.
AGA	Liga/desliga	O agitador AGA atua na unifo rmização da temperatura no tanque TAC.
VAL	0 – 100% (abertura)	A válvula VAL modula a vazão da linha de água geral que alimenta o tanque TAL e é utilizada no controle de nível do tanque.
BCA	0 – 100% (velocidade)	A bomba de velocidade variável BCA controla a vazão no trocador de calor e é utilizada no controle de temperatura do tanque TAL.
AQC	0 – 100% (potência)	O aquecedor AQC é utilizado no controle de temperatura do tanque TAC.

Quadro 3.3 – Malhas de regulação e proteção para a UAAA

	Tipo	Comentários
Operacionais	Malhas de regulação (analógicas)	Controle do nível do tanque TAL, através da modulação da válvula VAL.
		Controle de temperatura do tanque TAL, através da modulação da velocidade rotacional da bomba BCA. Quanto maior a vazão nesta bomba, maior é o calor transmitido ao tanque TAL.
		Controle do nível do tanque TAC, através da modulação da potência do aquecedor AQC.
		A temperatura do tanque deve ser mantida constante.
	Intertravamentos (discretos)	Ligar/desligar o agitador AGL sempre que a diferença de temperatura entre as vizinhanças do trocador de calor QTR e da saída de água de alimentação se torne muito grande. Histerese nessa ação é desejável para evitar frequência elevada de chaveamentos.
		Ligar/Desligar o agitador AGA sempre que a diferença de temperatura entre as vizinhanças do aquecedor AQC e da saída do trocador de calor se torne muito grande. Histerese nessa ação é desejável para evitar frequência elevada de chaveamentos.
Proteção	Intertravamentos (discretos)	Em caso de nível alto do tanque de alimentação TAL, desligar o agitador AGL.
		Em caso de nível alto do tanque de acumulação, desligar o agitador AGA.
		Em caso de nível baixo do tanque de alimentação TAL: - Desligar a bomba de circulação BCA. - Desligar o agitador AGL.
		Em caso de nível baixo do tanque de acumulação TAC: - Desligar a bomba de circulação BCA. - Desligar o aquecedor AQC.

Quadro 3.4 – Sensores da UAAA

Malha	Equip.	*Tag*	Descrição
010	TAL	LSL-010	Chave de nível baixo do tanque de alimentação. "0" para nível acima do mínimo, "1" para nível abaixo do mínimo.
		LSH -010	Chave de nível baixo do tanque de alimentação. "0" para nível abaixo do máximo, "1" para nível acima do máximo.
		LT-010	Nível do tanque de alimentação. Produz um valor em metros na faixa de operação.
020	TAL	TT -020a	Temperatura do tanque de alimentação, tomada próxima à saída de água de alimentação. Produz um valor em Celsius na faixa de 0 a 100 °C.
		TT -020b	Temperatura do tanque de alimentação, tomada próxima ao trocador de calor. Produz um valor em Celsius na faixa de 0 a 100 °C.
030	VAL	FT -030	Vazão na válvula de alimentação. Produz um valor em l/s na faixa operacional.
040	TAC	LSL-040	Chave de nível baixo do tanque de acumulação. "0" para nível acima do mínimo, "1" para nível abaixo do mínimo.
		LSH -040	Chave de nível alto do tanque de acumulação. "0" para nível abaixo do máximo, "1" para nível acima do máximo.
		LT-040	Nível do tanque de acumulação. Produz um valor em metros na faixa operacional.
050	TAC	TT -050a	Temperatura do tanque de acumulação, tomada próxima à saída de circulação. Produz um valor em Celsius na faixa de 0 a 100 °C.
		TT -050b	Temperatura do tanque de acumulação, tomada próxima ao aquecedor (AQC). Produz um valor em Celsius na faixa de 0 a 100 °C.
		TT -050c	Temperatura do tanque de acumulação, tomada próxima ao retorno da linha de circulação. Produz um valor em Celsius na faixa de 0 a 100 °C. Em operação normal a temperatura de retorno é ligeiramente mais baixa que a temperatura de saída.
060	LAA	FT -060	Vazão da linha de água de alimentação. Produz um valor em l/s na faixa operacional.
070	LAG	TT -070	Temperatura da linha de água geral. Produz um valor em Celsius na faixa de 0 a 100 °C.
080	LAG	PT -080	Pressão relativa da linha de água geral. Produz um valor em bar na faixa de operacional.
090	QTR	FT -090	Vazão na linha de circulação do trocador de calor e na bomba de circulação (BCA). Produz um valor em l/s na faixa operacional.

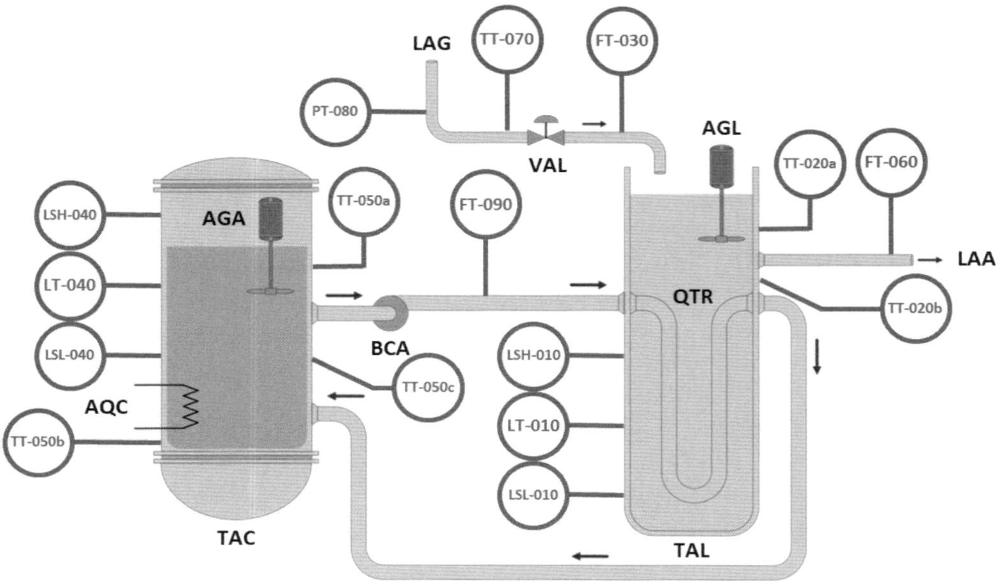

Figura 3.2 – Sensores da UAAA, com simbologia e nomenclatura segundo a norma ANSI/ISA 5.1.

As malhas de regulação são fortemente acopladas e a atuação em qualquer uma dessas interfere na operação das demais.

3.3 Metodologia

Do ponto de vista do projetista de sistemas de automação industrial, boa parte das tarefas rotineiras é executada em computadores convencionais e terminais de programação, passíveis de emulação direta em ambientes didáticos, porém há diferenças importantes e incontornáveis na tradução dessa abordagem. Os principais aspectos considerados neste capítulo são:

(a) O projetista usualmente é proficiente nas ferramentas utilizadas e nas técnicas de controle e automação, desde o conhecimento da dinâmica da planta às estruturas de controle e sintonias adequadas.

(b) O projetista tem acesso à planta industrial, pessoal técnico, operadores, documentação do processo e dos equipamentos e fornecedores sempre que necessário. A princípio, qualquer dúvida sobre o contexto pode ser esclarecida por algum desses agentes.

Para que esses aspectos da experiência de projeto pudessem ser transladados ao ambiente didático, algumas medidas foram propostas. Foi criado um simulador detalhado da planta,[1] implementado em MATLAB©/Simulink©, que pode ser utilizado para: i) verificar o desempenho de controladores antes da implementação final; ii) realizar testes e ensaios com a planta; iii) dirimir dúvidas operacionais e quaisquer detalhes técnicos. Para que esse recurso seja realmente efetivo, é necessário que o simulador tenha um grande grau de similaridade com a planta, mas que ainda assim seja de fácil utilização. O simulador produzido inclui modelos distribuídos para os tanques e o trocador de calor, curvas características não lineares realistas para a válvula de alimentação e para a bomba de alimentação, características dinâmicas de todos os equipamentos, perda de calor para o ambiente e propriedades térmicas e volumétricas realistas para os fluidos (água), dadas pela formulação IF97 da IAPWS (IAPWS, 2007), de modo que até mesmo flutuações no nível dos tanques devidas à variação da densidade da água com a temperatura podem ser observadas.

Apesar do grau de complexidade do processo simulado, o tempo de operação deste, que pode durar horas em um sistema real, é simulado em segundos em um computador pessoal convencional, permitindo que um grande número de testes, manobras e ensaios sejam reproduzidos com rapidez e facilidade.

Adicionalmente, a questão de conhecimento sobre o processo é tratado por meio de extensa documentação. O material didático originalmente distribuído aos estudantes compreende vídeos com guias, demonstrações, palestras e documentação (guias, memoriais descritivos, notas técnicas etc.). A estruturação da documentação foi planejada para que se aproximasse do formato de documentos de Engenharia, mais parecidos com a documentação técnica a que um projetista

[1]Simulador. Disponível em: http://www.lac.usp.br/uaaa/.

em ambiente industrial teria acesso do que com o material didático tradicionalmente utilizado em cursos de graduação.

A implantação física de um processo similar ao apresentado neste capítulo, em um ambiente laboratorial didático, possui problemas em termos de custo e manutenção. Os aspectos de segurança são particularmente problemáticos e trazem desafios adicionais. Além disso, a replicação dos equipamentos em número suficiente para a realização de práticas didáticas é inviável financeiramente.

Uma abordagem de virtualização bem-sucedida para outro tipo de ambiente industrial foi desenvolvida pelos autores para um projeto de pesquisa coordenado pela Agência Internacional de Energia Atômica – AIEA (IAEA, 2020), para análise de segurança computacional em sistemas de controle (Silva *et al.*, 2020, 2021). Nesse caso, o projeto tinha como uma das premissas a distribuição e o uso por diversas equipes em países distintos de diferentes qualificações, o que apresentava desafios similares ao do presente caso, tanto com relação à proficiência dos usuários como à transposição de processos realistas a ambientes virtuais.

A abordagem, adaptada e simplificada, mostrou-se uma alternativa viável e efetiva para o presente caso, permitindo realizar de maneira simples e direta uma reprodução virtual convincente de um ambiente industrial real. Além disso, pode ser implementada com aplicativos de software livre.

A abordagem desenvolvida por ser utilizada em implementações do tipo *Hardware-in-the-Loop* (HiL), em atividades remotas em servidor dedicado e/ou para implementação local em computadores pessoais (modalidade utilizada no presente trabalho). No projeto da AIEA (IAEA, 2020), todas essas abordagens foram utilizadas, tanto para pesquisa como para exercícios e cursos de treinamento.

3.3.1 O ambiente virtual

No ambiente virtual proposto, a virtualização é realizada até o nível de emulação de protocolos de rede, de modo que ferramentas de software convencionais para implantação e programação de CLP e sistemas SCADA podem ser utilizadas sem a necessidade de adaptações e limitações funcionais. Por exemplo, toda a comunicação entre os dispositivos virtuais pode ser realizada com protocolos industriais usuais, por exemplo, Modbus, nos quais os pacotes trafegam tanto pelas redes virtuais como em um sistema real.

A arquitetura proposta para o sistema de controle segue o modelo establecido na norma IEC 62443 (IEC, 2009) e NR-T-3.30 (IAEA, 2020), resumido na Figura 3.3.

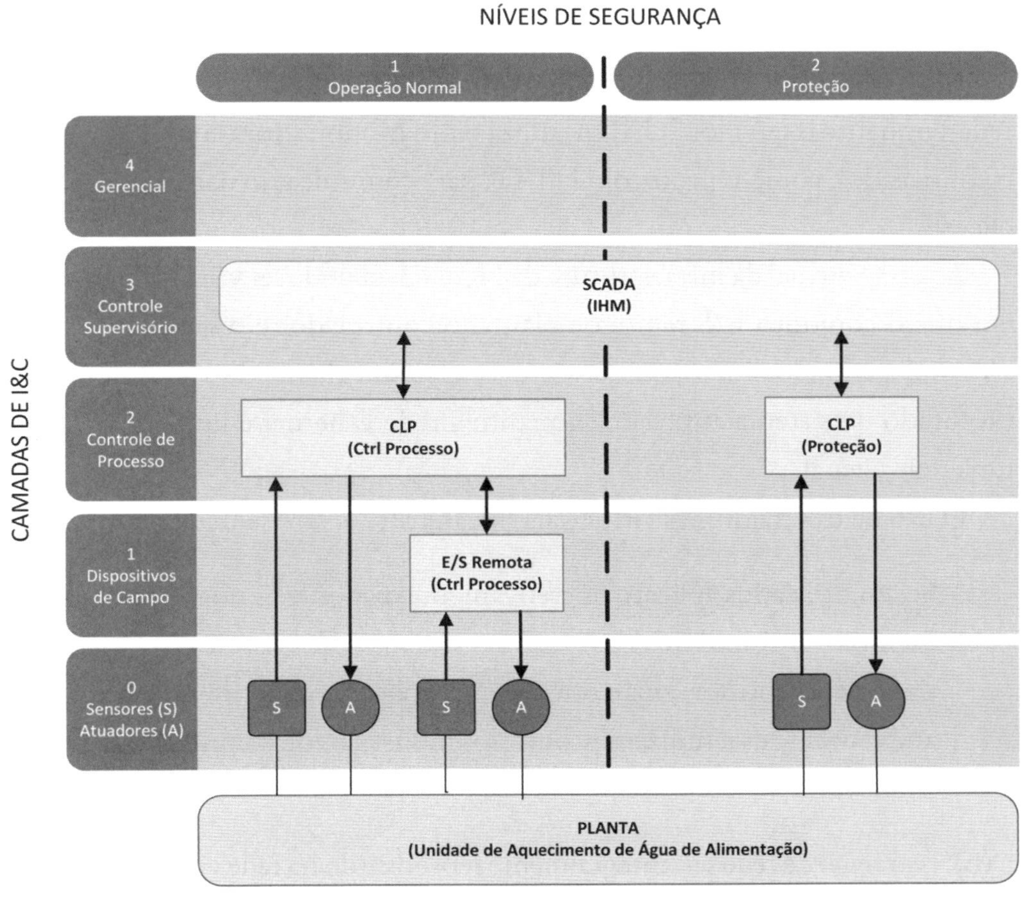

Figura 3.3 – Modelo hierárquico de referência para o sistema de controle.

Fonte: adaptada de IEC (2009) e IAEA (2020).

Por conveniência, as seguintes simplificações foram adotadas em relação ao modelo da Figura 3.3: i) os níveis de segurança foram fundidos em um só, o que é usual em aplicações de menor porte; ii) toda a comunicação com sensores e atuadores foi implementada por intermédio de um dispositivo de campo (unidade de entrada e saída – E/S – remota), chegando-se ao esquema idealizado da Figura 3.4a, em que um controlador se comunica via rede Ethernet com uma unidade de E/S remota e com um servidor SCADA e seus eventuais clientes. A unidade remota se comunica com os sensores e atuadores da planta através de laços de corrente (4-20 mA) para sinais analógicos e relés (0/24 V) para sinais digitais. O controlador e a unidade remota utilizam o protocolo Modbus para comunicação em rede, enquanto o servidor SCADA utiliza tanto Modbus, para comunicação com o controlador, como o protocolo HTTP, para comunicação com seus eventuais clientes.

A versão virtual da infraestrutura da Figura 3.4a pode ser vista na Figura 3.4b, em que o conjunto E/S remota e planta, o controlador e o servidor SCADA são implementados em máquinas virtuais, com um cliente do servidor SCADA executado no sistema anfitrião, enquanto a rede Ethernet é implementada em uma rede virtual.

O uso de três máquinas virtuais na infraestrutura apresentada permite que:

(a) Sejam utilizados aplicativos efetivamente disponíveis no mundo real, por exemplo: i) Rapid SCADA[2] para o sistema supervisório; ii) OpenPLC[3] para o controlador, entre outros. Tais aplicativos são desenvolvidos para ambientes reais e utilizam protocolos industriais de comunicação, como o Modbus.

(b) O tráfego de rede seja integralmente reproduzido na rede virtual, ou seja, pacotes Modbus gerados pela unidade remota, pelo controlador ou pelo servi-

[2]Rapid SCADA. Disponível em: https://rapidscada.org.

[3]OpenPLC. Disponível em: https://openplcproject.com.

dor SCADA efetivamente trafegam pela rede virtual e podem ser inclusive analisados por ferramentas padrões da indústria (exemplo: Wireshark).[4]

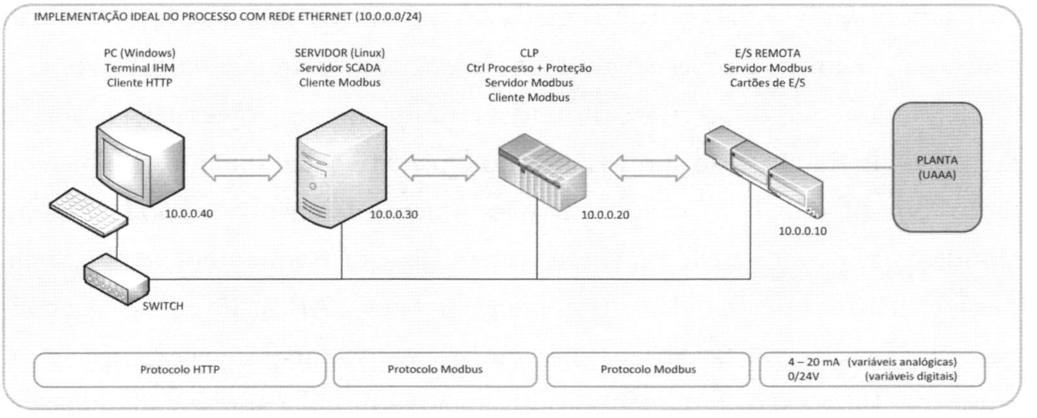

(a)

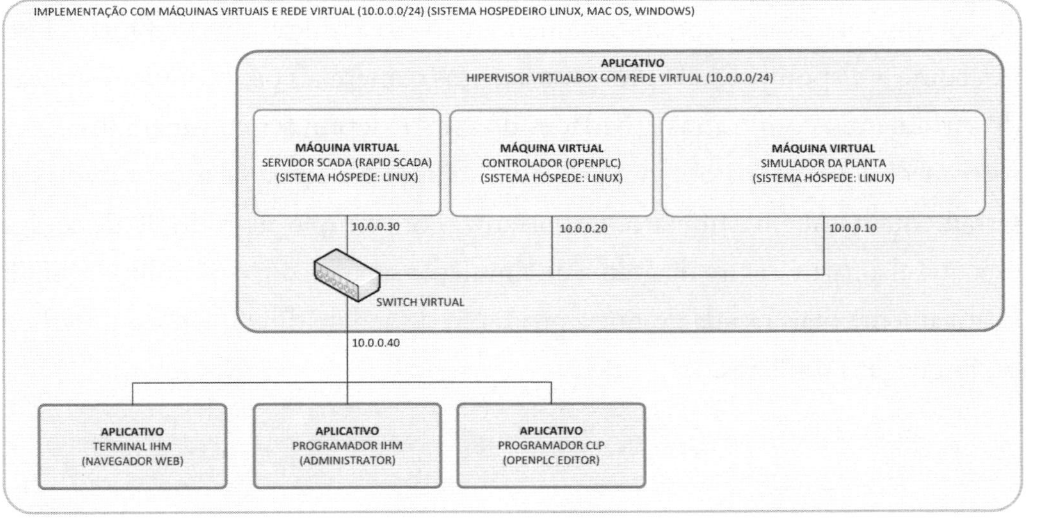

(b)

Figura 3.4 – Arquitetura de rede: ideal (a) e virtual (b), com as camadas de I&C dispostas da esquerda para a direita.

---

[4]Wireshark. Disponível em: https://www.wireshark.org.

O arranjo de três máquinas virtuais conectadas por uma rede virtual permite que aplicativos convencionais sejam utilizados, além de reproduzir a comunicação entre os nós e o tráfego de rede em todas as camadas, exceto a física. A versão virtual pode ser integralmente executada em um único computador pessoal convencional, de forma flexível e conveniente a um custo extremamente baixo.

As ferramentas de software utilizadas na implementação virtual, ao lado de eventuais alternativas, são apresentadas no Quadro 3.5. Idealmente, a implementação com software livre ou aplicativos localmente desenvolvidos poderia ser realizada. Porém, o uso de ferramentas comerciais, que frequentemente possuem mais recursos e funcionalidades (por exemplo, MATLAB© e Simulink© em comparação com Octave e Scilab), pode-se mostrar mais vantajoso na execução de algumas das funções. As ferramentas efetivamente utilizadas apresentadas no Quadro 3.5 constituem-se, na opinião dos autores, na opção com a melhor relação custo/funcionalidade, porém certamente não são a única solução. Outros fatores, como a disponibilidade prévia de licenças comerciais ou a compatibilização do ferramental com outras atividades do curso, devem ser considerados. O esforço necessário para a obtenção de uma solução e a curva de aprendizado das ferramentas também é um fator importante. Por exemplo, a produção de código executável a partir de um diagrama de simulação criado com o Simulink© é significativamente mais rápida do que a produção de código diretamente em Python ou linguagens similares.

Quadro 3.5 – Ferramentas de software

Aplicativo	Uso	Comentários
Matlab Simulink	Simulador auxiliar Produção de código para o simulador em tempo real	O Matlab/Simulink (software comercial) é a melhor alternativa para modelagem e simulação da UAAA, pois permite a produção do simulador a partir de blocos funcionais e a produção automática de código em linguagem C (requer o pacote Simulink Coder) para compilação e implementação em tempo real. Alternativas: Octave, Scilab (softwares livres) para simulação; Python (software livre) para produção de código.
VirtualBox	Hipervisor (implementação virtual)	O Oracle VirtualBox (software livre) é um dos principais hipervisores encontrados no mercado, com a vantagem de ser disponível nas plataformas Windows, Mac e Linux. Alternativas: VMWare Workstation, Fusion (licença comercial), Hyper-V (disponível em algumas distribuições de MS-Windows), Proxmox (software livre) dentre outros.
OpenPLC	Controlador lógico programável	O OpenPLC (software livre) é uma plataforma popular para implementações de controladores lógicos programáveis em software. É de fácil utilização e aderente à norma IEC 61131-3, porém tem poucos recursos de monitoração e suporte limitado a protocolos industriais. Alternativa: Codesys Control (licença comercial).
Rapid SCADA	Sistema supervisório	O Rapid SCADA (software livre) é um sistema supervisório simples com suporte a diversos protocolos industriais. Alternativa: Scada-BR, Scada-LTS (softwares livres).
Modbus Srv	Servidor Modbus	Servidor Modbus integrado dedicado desenvolvido para o ambiente virtual da UAAA. Alternativa: desenvolvimento de outro servidor integrado.
Ubuntu	Sistema operacional	O Ubuntu Linux (software livre) é uma das distribuições mais populares de Linux e foi utilizado como sistema operacional das implementações virtualizadas. Alternativas: Outras distribuições Linux, como Alpine, Debian etc.

3.4 O experimento virtual

A disciplina foi ministrada com a utilização do simulador pela primeira vez no primeiro semestre de 2021 para três turmas, totalizando 44 alunos divididos em quinze grupos. A atividade foi concebida para ser realizada em grupos de dois a três alunos, com duração total de seis semanas. Ao longo do semestre foram programadas a realização de reuniões semanais por videoconferência com os professores, apresentações de acompanhamento bissemanais e uma apresentação final com a entrega de um relatório. Os alunos poderiam se reunir e dividir a atribuição das tarefas livremente.

Para o projeto foi solicitado ao alunos que especificassem e projetassem sistemas de controle baseados em controladores PI ou PID para as malhas do Quadro 3.3, e os implementassem com as lógicas operacionais e de proteção em um CLP virtual, disponibilizado em uma máquina virtual com o aplicativo OpenPLC (Alves *et al.*, 2014). A IHM deveria ser implementada em um sistema SCADA, disponibilizado em outra máquina virtual com o aplicativo Rapid SCADA.[5] O sistema de controle e o sistema supervisório deveriam ser integrados a uma terceira máquina virtual, executando um código especialmente desenvolvido para a atividade, que implementa o modelo da planta.

A atividade foi considerada muito bem-sucedida, o que foi confirmado pelos resultados dos questionários regulamentares de avaliação respondidos pelos alunos. O processo de avaliação regular da Escola Politécnica da Universidade de São Paulo (EPUSP), realizado semestralmente, solicita aos alunos que avaliem diversos aspectos das disciplinas com notas de 1 (mínima) a 5 (máxima), com as seguintes questões consideradas relevantes para a avaliação da prática:

- Q01: Como você avalia o material de apoio?
- Q02: Como você avalia o ambiente de aprendizado da disciplina?
- Q03: Qual sua nota para as ferramentas de avaliação utilizadas na disciplina?

[5] RAPID SCADA. Disponível em: https://rapidscada.org/.

- Q04: Como você avalia seu aprendizado na disciplina?
- Q05: Como você avalia seu conhecimento prévio para acompanhar a disciplina?
- Q06: Qual é a sua avaliação geral da disciplina?
- Q07: Como você avalia a quantidade de carga de aulas, trabalhos e estudos necessária para a disciplina?

A Figura 3.5 apresenta os resultados. Para as questões Q01-Q06, notas maiores indicam avaliações favoráveis, enquanto, para a questão Q07, o ideal é que as notas sejam distribuídas em torno de um ponto central, indicando um grau de percepção de demanda de carga adequado.

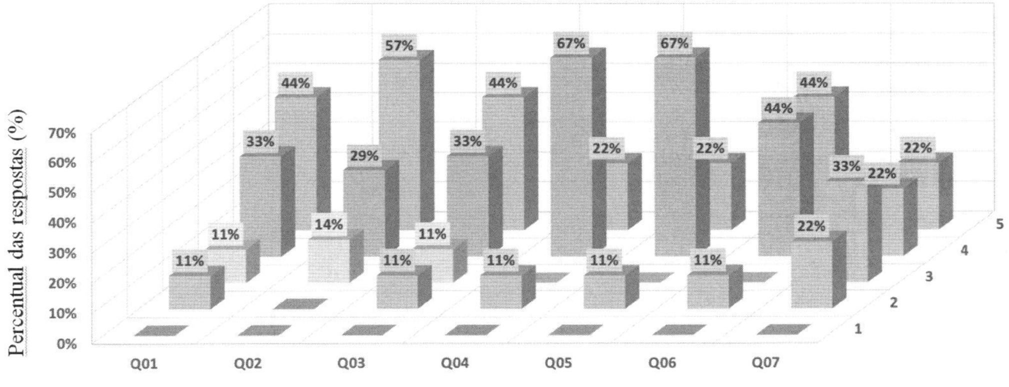

Figura 3.5 – Resultados do processo de avaliação da disciplina LABAUT.

Fonte: dados da pesquisa.

De forma geral, o resultado pode ser considerado bastante positivo. Os alunos puderam realizar um ciclo completo de projeto de automação e controle de uma planta industrial em ambiente virtual e os comentários gerais dos discentes sugerem que a prática foi muito rica e que contribuiu para o aprendizado. Porém, algumas respostas indicaram que, devido ao grande volume de atividades e pelo fato de ter sido executada de forma remota, instruções mais detalhadas seriam necessárias, o que deverá ser levado em consideração para futuras iterações da atividade, quer remotas ou em oferecimento presencial.

Todos os grupos foram capazes de cumprir integralmente as tarefas da prática no tempo alocado, desde o projeto dos controladores até a implementação do sistema supervisório, incluindo procedimentos de verificação e validação e a produção de documentação. Uma das telas de IHM produzidas pelos alunos para a atividade (incluindo monitoramento, alteração de *setpoints* e alarmes) é apresentada na Figura 3.6.

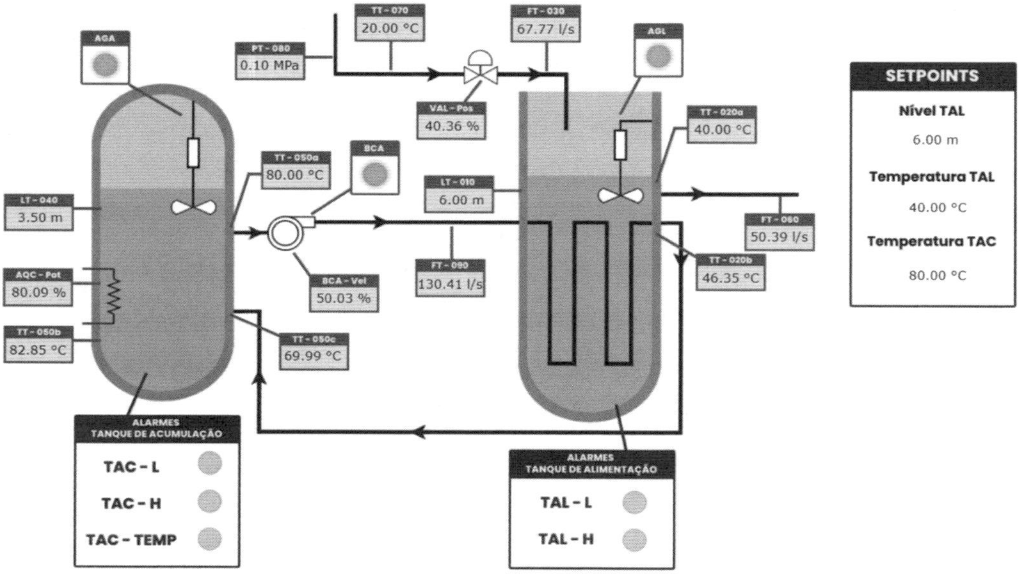

Figura 3.6 – Exemplo de tela de IHM produzida para a disciplina.

Fonte: cortesia de Gustavo Bajzek Murgia, Lucas Menezes Ladeira e Vinícius Marchioli.

3.4.1 Integração com o curso e competências mapeadas

A disciplina LABAUT e, especialmente, a atividade aqui apresentada servem como projeto integrador para o curso, explorando, aplicando e exercitando competências correlatas, com vistas a preparar a ênfase para futuras modificações curriculares, de acordo com o Capítulo II, Art. 4º, da Resolução nº 2, de 24 de abril de 2019, sobre as DCNs das graduações em Engenharia (Brasil, 2019).

Nesse estágio do curso, que idealmente se localiza no quarto ano de um curso de Engenharia Elétrica com ênfase em automação e controle, os alunos já têm noções básicas de teoria de controle e projeto de controladores (analógicos e digitais), controladores PID, sistemas dinâmicos, modelagem e simulação, entre outros temas.

Para balizar a concepção e implementação da prática em termos de competências, foi utilizado o modelo KSA (*Knowledge, Skills, Abilities*). Pouco difundido no Brasil, historicamente, esse modelo foi associado a ações do governo dos Estados Unidos para recrutamento, qualificação e promoção de funcionários. Por exemplo, o sistema O*NET[6] mantém um banco de dados atualizado com informações de requisitos de vagas de emprego considerando toda a economia dos Estados Unidos, utilizando KSA.

Posteriormente, universidades americanas passaram a utilizá-lo como métrica para o progresso do corpo discente em cursos de graduação (ABET, 2021; ASSE, 2013). Exemplos de trabalhos acadêmicos com a metodologia KSA abrangem várias áreas do conhecimento, como tecnologia da educação (Kang; Ritzhaupt, 2015), segurança computacional (Armstrong *et al.*, 2018), agricultura (Erickson *et al.*, 2018), saúde pública, (McGinty; Castrucci; Rios, 2018), tecnologia da informação (Nakayama; Sutcliffe, 2015), análise de negócios (Cegielski; Jones-Farmer, 2016), Engenharia (Hoffmann *et al.*, 2010; Kasser; Frank; Zhao, 2010), entre outros. Há também relatos na literatura sobre o uso do modelo em programas de pós-graduação em Engenharia (Holloway; Radcliffe, 2018).

O modelo KSA pode perfeitamente ser utilizado como base para adequação dos cursos de Engenharia no Brasil de acordo com as novas DCN. Em Bischof-dos-Santos e Oliveira (2020), um modelo baseado em KSAs é utilizado para ma-

[6] O*NET OnLine. National Center for O*NET Development. Disponível em: https://www.onetonline.org/.

pear competências de profissionais de Engenharia de Produção no contexto da Indústria 4.0.

Para a atividade proposta, as competências desejadas, tendo em vista o modelo, foram assim definidas:

- *Knowledge*: competências relacionadas à compreensão de conceitos com caráter teórico. Por exemplo, cálculo diferencial e integral, cálculo numérico e programação de computadores.
- *Skills*: competências ou proficiências desenvolvidas por meio de treinamento ou experiência prática decorrente do conhecimento teórico. Por exemplo, calcular uma integral (analítica ou numericamente) e criar um programa de computador.
- *Abilities*: capacidade de execução de tarefas relacionadas ou decorrentes das competências acima. Por exemplo: criar um programa de computador para calcular integrais associadas a um problema real de Engenharia.

O Quadro 3.6 apresenta as competências necessárias tanto para a realização da atividade como para sua efetiva integração com o curso, em termos de requisitos de competência e da evolução desejada ou esperada das competências com a realização da atividade proposta, isto é, o grau de competência esperado a ser adquirido. Pode-se verificar a relação direta do desenvolvimento da atividade com as disciplinas presentes na grade curricular do curso em semestres anteriores ou ministradas simultaneamente, como sistemas de controle, controle digital, redes de computadores etc., caracterizando a atividade como um projeto integrador. As competências e sua evolução ao longo da atividade são consolidadas com as de outras atividades e disciplinas, formando o conjunto global de competências do curso, o qual deve ser definido em seu projeto pedagógico, e que é estabelecido em função das DCN das Engenharias, a proposta do curso e outros requisitos, como certificações profissionais.

Quadro 3.6 – Competências: requisitos e evolução segundo o modelo KSA

Tópicos e temas se referem às competências requeridas e desejadas para a realização da prática e em termos da integração com o curso de Engenharia Elétrica – Ênfase Automação e Controle da EPUSP [X] Indica um requisito de competência. [>>] [>>] [>>] Indica a evolução esperada com a realização da		**Nível de competência**				
		Nenhum	Muito básico	Básico	Intermediário	Avançado
Conhecimento (*knowledge*)	Controle clássico SISO				X	
	Controle PID				X	
	Aspectos práticos de controle PID (*anti-windup, bumpless*		>	>	>	
	Controle digital			X		
	Controle lógico			>	>	
	Redes de computador		>	>		
	Arquitetura de redes industriais (segundo IEC 62443)		>	>		
	Protocolos de comunicação industrial (especialmente	>	>	>		
	Virtualização de recursos computacionais	>	>			
	Métodos de verificação e validação de sistemas de	>	>	>	>	
	Dispositivos de controle industrial (especialmente CLPs)		>	>	>	>
	Normas técnicas (especialmente ANSI/ISA 5.1, IEC		>	>		
Perícias (*skills*)	Projeto e sintonia de controladores PID			>	>	
	Programação de CLPs (segundo IEC 61131-3)		>	>	>	
	Modelagem de sistemas físicos (com ênfase em processos			>	>	
	Simulação de sistemas dinâmicos		>	>	>	
	Configuração e operação de ambientes computacionais e	>	>	>		
	Configuração e operação de hipervisores	>	>	>	>	
	Configuração e operação de ambientes computacionais	>	>	>		
	Especificação de procedimentos de verificação e validação		>	>	>	
	Análise de sistemas segundo normas técnicas	>	>	>		
	Gerenciamento e acompanhamento de projetos		>	>	>	
	Gerenciamento de trabalho em equipe			>	>	
Habilidades (*Abilities*)	Ler, interpretar e analisar documentação de projetos			>	>	>
	Conceber e especificar sistemas de controle		>	>	>	
	Analisar estabilidade e desempenho de sistemas de		>	>	>	
	Otimizar o desempenho de sistemas de controle		>	>		
	Projetar leis de controle com controladores PID e		>	>	>	>
	Projetar e implementar lógicas operacionais e de proteção		>	>	>	>
	Conceber e especificar sistemas supervisórios	>	>	>	>	
	Implementar sistema supervisório para um processo	>	>	>	>	
	Integrar sistemas e dispositivos em redes de processo	>	>	>		
	Estabelecer comunicação Modbus entre sistemas em rede	>	>	>		
	Verificar e validar a operação e o desempenho de sistemas		>	>	>	
	Verificar e validar a operação e o desempenho de redes de	>	>	>		
	Verificar e validar a operação e o desempenho de	>	>	>		
	Verificar a aderência de métodos e sistemas a normas		>	>	>	
	Gerenciar um projeto de automação e controle		>	>	>	
	Desenvolver um projeto em equipe e administrar conflitos		>	>	>	
	Apresentar resultados e produzir relatórios (segundo práticas de eng.)			>	>	>

3.4.2 Potenciais desdobramentos na utilização do ambiente virtual

O ambiente é bastante flexível e sofisticado, e apresenta grande potencial para a realização de diferentes atividades e a introdução de novos conteúdos: diferentes abordagens de controle; inclusão de técnicas avançadas, como controle multivariável, preditivo, estocástico (com a inclusão de ruídos no simulador), robusto (com a inclusão de variações nos modelos de simulação); diferentes metodologias de projeto, protocolos de comunicação ou arcabouços normativos.

Como a virtualização é realizada no nível dos protocolos de rede, é possível integrar gêmeos digitais de dispositivos de controle ou mesmo equipamentos físicos como CLP. Além disso, outras atividades não diretamente relacionadas com o projeto de controladores podem ser exploradas: estudo de protocolos de rede industriais, segurança computacional, esquemas de redundância para sistemas críticos etc.

O ambiente de virtualização, composto por três máquinas virtuais, foi distribuído aos alunos para desenvolvimento da atividade, com o sistema de controle implementado em uma máquina virtual com o aplicativo OpenPLC. No entanto, as máquinas virtuais com o modelo da planta e o com o sistema supervisório podem ser facilmente adaptadas para integração com CLP reais em instalações de laboratório, em um arranjo do tipo HiL.

3.5 Considerações finais

O ambiente virtual proposto para realização de práticas de automação e controle de forma remota foi desenvolvido e aplicado com sucesso como uma ferramenta didática. Os alunos tiveram a oportunidade de desenvolver atividades de verificação e validação (V&V) e implantação de sistemas de controle em uma simulação de ambiente industrial bastante realista. Aspectos como especificação e projeto de sistemas de controle industriais, programação de CLP, desenvolvimento de sistemas supervisórios e integração de níveis de automação de processos via redes e protocolos industriais de comunicações foram abordados e trabalhados com as atividades propostas, tendo em vista um modelo de competências.

A atividade foi avaliada pelos alunos da disciplina e o resultado foi muito positivo. A sua integração, como projeto integrador do curso, foi discutida formal e detalhadamente com a utilização do modelo KSA, evidenciando os impactos da proposta na formação dos alunos.

A atividade foi oferecida inicialmente de forma remota devido às medidas de isolamento social tomadas durante a pandemia de covid-19, porém, mesmo com o fim dessas medidas, ela será mantida como complemento da disciplina LABAUT e, possivelmente, com a adaptação para uma aplicação em esquema HiL, em que a máquina virtual responsável pelo controle e proteção do processo será substituída por um CLP real em ambiente laboratorial. O ambiente é flexível, podendo ser utilizado em diversas aplicações, possibilitando que outros tópicos de estudo sejam acrescentados à prática: novos métodos de projeto, diferentes abordagens de controle, arquiteturas de rede etc.

Adicionalmente, o modelo KSA utilizado para mapear as competências relacionadas à prática proposta constitui-se em uma alternativa perfeitamente viável para concepção, organização e padronização de projetos pedagógicos para os cursos de Engenharia tendo em vista as atuais diretrizes curriculares nacionais, além de ser uma ferramenta bastante adequada para o estabelecimento de perfis profissionais desejados para engenheiros em diversas áreas de atuação.

Referências

ABET – ACCREDITATION BOARD FOR ENGINEERING AND TECHNOLOGY. **Criteria for accrediting Engineering programs**. Baltimore, 2021. Disponível em: https://www.abet.org/accreditation/accreditation-criteria/criteria-for-accrediting-engineering-programs-2022-2023. Acesso em: 16 jun. 2022.

ALVES, T. R.; BURATTO, M; SOUZA, F. M.; RODRIGUES, T. V. OpenPLC: an open source alternative to automation. *In*: IIEEE Global Humanitarian Technology Conference (GHTC 2014), 2014, San Jose. **Proceedings** [...]. San Jose: IEEE, 2014, p. 585-589. DOI: https://doi.org/10.1109/GHTC.2014.6970342.

ANS – AMERICAN NATIONAL STANDARD INSTITUTE. **ANSI/ISA-5.1**: Instrumentation symbols and identification. Research Triangle Park, 2009.

ARMSTRONG, M. E.; JONES, K. S.; NAMIN, A. S.; NEWTON, D. C. The knowledge, skills, and abilities used by penetration testers: results of interviews with cybersecurity professionals in vulnerability assessment and management. **Proceedings of the Human Factors and Ergonomics Society Annual Meeting**, v. 62, n. 1, p. 709-713, 2018. DOI: https://doi.org/10.1177/1541931218621161.

ASSE – AMERICAN SOCIETY FOR ENGINEERING EDUCATION. **Transforming undergraduate education in Engineering**. Phase I: synthesizing and integrating industry perspectives. Arlington: ASEE, 2013. Disponível em: https://tuee.asee.org/phase-i/. Acesso em: 8 nov. 2021.

AYAS, M. S.; ALTAS, I. H. A virtual laboratory for system simulation and control with undergraduate curriculum. **Computer Applications in Engineering Education**, v. 24, n. 1, p. 122-130, 2016. DOI: https://doi.org/10.1002/cae.21678.

BISCHOF-DOS-SANTOS, C.; OLIVEIRA, E. Production Engineering competencies in the industry 4.0 context: perspectives on the Brazilian labor market. **Production**, v. 30, e20190145, 2020. DOI: https://doi.org/10.1590/0103-6513.20190145.

BRASIL. Conselho Nacional de Educação. **Resolução nº 2, de 24 de abril de 2019**. Institui as Diretrizes Curriculares Nacionais do Curso de Graduação em Engenharia. Brasília, DF: MEC, 2019. Disponível em: http://portal.mec.gov.br/index.php?option=com_docman&view=download&alias=112681-rces002-19&category_slug=abril-2019-pdf&Itemid=30192. Acesso em: 14 fev. 2022.

CEGIELSKI, C. G.; JONES-FARMER, L. A. Knowledge, skills, and abilities for entry-level business analytics positions: a multi-method study. **Decision Sciences Journal of Innovative Education**, v. 14, n. 1, p. 91-118, 2016. DOI: https://doi.org/10.1111/dsji.12086.

EMERSON AUTOMATION SOLUTIONS. **Control valve handbook**. 5. ed. Marshalltown: Fisher Controls International, 2019. Disponível em: https://www.emerson.com/documents/automation/control-valve-handbook-en-3661206.pdf. Acesso em: 8 nov. 2021.

ERICKSON, B.; FAUSTI, S.; CLAY, D.; CLAY, S. Knowledge, skills, and abilities in the precision agriculture workforce: an industry survey. **Natural Sciences Education**, v. 47, n. 1, p. 1-11, 2018. DOI: https://doi.org/10.4195/nse2018.04.0010.

GAMO, J. Assessing a virtual laboratory in optics as a complement to on-site teaching. **IEEE Transactions on Education**, v. 62, n. 2, p. 119-126, 2019. DOI: https://doi.org/10.1109/TE.2018.2871617.

GANAPATHY, V. **Steam generators and waste heat boilers**: for process and plant engineers. Boca Raton: CRC Press, 2015.

GUZMÁN, J. L.; JOSEPH, B. Web-based virtual lab for learning design, operation, control, and optimization of an anaerobic digestion process. **Journal of Science Education and Technology**, v. 30, n. 3, p. 319-330, 2021. DOI: https://doi.org/10.1007/s10956-020-09860-6.

HOFFMANN, M. H. W.; HAMPE, M.; MÜLLER, G.; BARGSTÄDT, H.-J.; HEIß, H.-U.; SCHMITT, H. Knowledge, skills, and competences: descriptors for engineering education. In: IEEE Engineering Education Conference (EDUCON 2010), 2010, Madrid. **Proceedings** [...]. Madrid: IEEE, 2010. DOI: https://doi.org/10.1109/EDUCON.2010.5492519.

HOLLOWAY, E.; RADCLIFFE, D. F. Review of global trends in Knowledge, Skills, and Abilities (KSA) frameworks applicable to Ph.D. Programs in Engineering. In: 2018 ASEE ANNUAL CONFERENCE EXPOSITION, 2018, Salt Lake City. **Proceedings** [...]. Salt Lake City: ASEE, 2018. DOI: http://dx.doi.org/10.18260/1-2--30938.

IAEA – INTERNATIONAL ATOMIC ENERGY AGENCY. **Computer security aspects of design for instrumentation and control systems at nuclear power plants**. Nuclear Energy Series No. NR-T-3.30. Vienna, 2020.

IAPWS – INTERNATIONAL ASSOCIATION FOR THE PROPERTIES OF WATER AND STEAM. **Revised release on the IAPWS industrial formulation 1997 for the thermodynamic properties of water and steam**. Lucerne, 2007. Disponível em: http://www.iapws.org/relguide/IF97-Rev.pdf. Acesso em: 8 nov. 2021.

IEC – INTERNATIONAL ELETROTECHNICAL COMMISSION. **IEC 62443-3-3: Industrial communication networks**: network and system security. Part 3-3: system security requirements and security levels. Geneva, 2009.

KANG, Y.; RITZHAUPT, A. D. A job announcement analysis of educational technology professional positions: knowledge, skills, and abilities. **Journal of Educational Technology Systems**, v. 45, n. 3, p. 231-256, 2015. DOI: https://doi.org/10.1177/0047239515570572.

KASSER, J. E.; FRANK, M.; ZHAO, Y. Y. Assessing the competencies of systems engineers. *In*: BI-ANNUAL EUROPEAN SYSTEMS ENGINEERING CONFERENCE (EuSEC), 7., 2010, Stockholm. **Proceedings** [...]. Stockholm, 2010. Disponível em: https://therightrequirement.com/pubs/2010/assessing%20competencies%20_8_.pdf. Acesso em: 14 jun. 2022.

LUSE, A.; BROWN, A; RURSCH, J. Instruction in 802.11 technology in online virtual labs. **IEEE Transactions on Education**, v. 64, n. 1, p. 12-17, 2021. DOI: https://doi.org/10.1109/TE.2020.2998701.

MCGINTY, M. D.; CASTRUCCI, B. C.; RIOS, D. M. Assessing the knowledge, skills, and abilities of public health professionals in big city governmental health departments. **Journal of Public Health Management and Practice**, v. 24, n. 5, p. 465-472, 2018. DOI: https://doi.org/10.1097/phh.0000000000000747.

NAKAYAMA, M.; SUTCLIFFE, N. An approach for managing IT skills portfolio. *In*: MAKOTO N.; NORMA, S. (ed.). **Managing IT skills portfolios**: planning, acquisition and performance evaluation. IGI Global, 2005, p. 26-51. DOI: https://dx.doi.org/10.4018/978-1-59140-515-3.

ROETZEL, W.; LUO, X.; CHEN, D. **Design and operation of heat exchangers and their networks**. London: Academic Press, 2020.

SILVA, R. A. B.; SHIRVAN, K.; CRUZ, J. J.; MARQUES, R. P.; MARQUES, A. L. F.; PIQUEIRA, J. R. C. Advanced method for neutronics and system code coupling RELAP, PARCS, and MATLAB for instrumentation and control assessment. **Annals of Nuclear Energy**, v. 140, 2020. DOI: https://doi.org/10.1016/j.anucene.2019.107098.

SILVA, R. A. B.; PIQUEIRA, J. R. C.; CRUZ, J. J.; MARQUES, R. P. Cybersecurity assessment framework for digital interface between safety and security at nuclear power plants. **International Journal of Critical Infrastructure Protection**, v. 34, 2021. DOI: https://doi.org/10.1016/j.ijcip.2021.100453.

TLACZALA, W.; GRAJNER, G.; ZAREMBA, M. Virtual laboratory with simulated nuclear physics experiments. **IEEE Transactions on Instrumentation and Measurement**, v. 57, n. 8, p. 1766-1770, 2008. DOI: https://doi.org/10.1109/TIM.2008.922071.

WOLF, A. **Competence-based assessment**. Buckingham: Open University Press, 1995.

Capítulo 4

Laboratório remoto para controle e supervisão de processos industriais em planta didática: um estudo de caso da USP

Luiz Ferreira Alves
Paolo Ferrari
Dennis Brandão

4.1 Introdução

Os diversos campos das Engenharias necessitam cada vez mais de profissionais com habilidades técnicas e interpessoais, capazes de enfrentar situações e problemas reais no cotidiano, trabalhar em grupo e gerir equipes no ambiente de trabalho. Segundo Efstratia (2014), para satisfazer a demanda por engenheiros com tais competências, a maioria dos cursos de Engenharia adotam em suas grades curriculares disciplinas que envolvem práticas experimentais, individuais ou em grupo, com dispositivos reais em que alunos lidam com situações reais no cotidiano de um profissional que trabalha com controle de processos em ambiente industrial. Entre tais situações reais estão a configuração de dispositivos de campo, o desenvolvimento de aplicações em software industrial, as paradas de emergência e falhas em equipamentos (Alves; Brandão; Oliveira, 2019).

A abordagem em que os discentes aprendem por meio da experimentação em projetos com objetivos específicos, que é uma metodologia ativa de aprendizagem, é denominada Aprendizagem Baseada em Projetos (*Project Based Learning*

– PjBL), sendo uma mais utilizadas em disciplinas práticas desenvolvidas em laboratório (Fernandes, 2016). Contudo, a implementação de cursos práticos baseados em laboratórios tradicionais nas grades curriculares de Engenharia apresenta algumas restrições (Chevalier *et al.*, 2017):

(a) Custo de equipamentos e licenças de software para construir laboratórios.
(b) Capacidade limitada dos laboratórios diante do crescimento do número de alunos e de disciplinas experimentais nas turmas de Engenharia.
(c) Restrição de tempo e local para realizar as práticas.
(d) Restrição de recursos humanos, em alguns cursos, para atender aos alunos em atividades experimentais.

De acordo com Caminero *et al.* (2016), devido também ao crescente acesso à internet, cursos online sob demanda, laboratórios virtuais e laboratórios remotos são alguns exemplos de aplicações de ensino a distância que vêm se popularizando e ajudando instituições de ensino a superar restrições de tempo, orçamento e espaço quando planejam suas grades curriculares.

Outro fator importante na difusão dos laboratórios remotos está relacionado à Quarta Revolução Industrial, ou Indústria 4.0. A integração das tecnologias de informação e comunicação (TIC) às tecnologias no campo da automação permite que sensores, máquinas e fábricas inteiras se comuniquem, processem informações e tomem decisões de forma autônoma e descentralizada. Portanto, conforme Encalada e Sequera (2017), os profissionais do futuro deverão estar preparados para lidar com fábricas inteligentes, e conceitos como Internet das Coisas Industrial (*Industrial Internet of Things* – IIoT), virtualização de sistemas físicos e o acesso remoto a equipamentos industriais estarão cada vez mais presentes no currículo dos futuros engenheiros.

Há uma gama de trabalhos e exemplos de aplicação de laboratórios e experimentos remotos, dos quais grande parte está relacionada às áreas das Engenharias, com destaque para cursos de eletrônica (Luthon; Larroque, 2015, Mendes *et al.*, 2016), sistemas embarcados (Angulo; Rodriguez-Gil; Garcia-Zubia, 2018;

Fernandes, 2016;), computação (Iannucci *et al.*, 2018; Kist *et al.*, 2014), automação (Ionescu *et al.*, 2013, Jagadeesh; Ranganatha; Siddaraju, 2018) e robótica (Jiménez; Sanchez; Mauledoux, 2018, Shyr; Su; Lin, 2013).

Contudo, a ampla quantidade de hardware e software disponíveis permite criar soluções e arquiteturas remotas diferentes. Ademais, a quantidade de trabalhos diferentes relacionados a laboratórios remotos para o controle e a automação de processos industriais que surge todo ano mostra que esse tema pode ser mais bem explorado por instituições de ensino.

Este capítulo apresenta uma solução de laboratório remoto para a disciplina de graduação Laboratório de Controle de Processos Industriais da Universidade de São Paulo, permitindo que os alunos desenvolvam projetos com malhas de controle e sistemas supervisórios envolvendo hardware industrial. Os alunos são responsáveis por todas as etapas de cada projeto, desde mapear as entradas e saídas de cada controlador lógico programável (CLP), configurar os softwares para programá-los e desenvolver aplicações que controlem e supervisionem processos industriais a distância. Apresentam-se ainda a arquitetura adotada para o acesso remoto e, por fim, uma discussão comparativa dos efeitos que a adoção do laboratório remoto trouxe para o ensino de temas de controle e automação nessa disciplina.

4.2 Laboratórios remotos para Engenharia

A ideia de laboratórios de experimentos remotos não é recente, remontando ao advento da internet na década de 1980. Essa categoria de plataformas de ensino se fortaleceu com a popularização das TIC e do *e-learning*. Cursos de Engenharias contemporâneos aproveitam os recursos de compartilhamento de arquivos, comunicação instantânea e interação em tempo real e a distância com equipamentos físicos para tornar as disciplinas práticas mais flexíveis quanto ao tempo e o local para realização dos experimentos (Caminero *et al.*, 2016).

Além da gama de recursos online, o mercado requer profissionais com habilidades e competências para trabalhar com ambientes digitais. Por essa razão, algumas instituições de ensino já adotam cursos baseados em ambiente de ensino remoto em suas grades curriculares. As vantagens dos laboratórios remotos incluem, de acordo com Iannucci *et al.* (2018, p. 1142):

(a) Flexibilidade quanto a tempo e local para realização dos experimentos.
(b) Os alunos obtêm e analisam dados reais, assim como em laboratórios tradicionais.
(c) Diminuição no custo de aquisição de licenças e hardware.
(d) Escalabilidade, pois mais alunos podem realizar experimentos a distância.
(e) Em alguns casos, laboratórios remotos são mais seguros que os presenciais.
(f) O laboratório remoto não sobrecarrega os professores e tutores com a preparação de equipamento e o andamento do laboratório.

A primeira categoria de laboratórios remotos que surgiram foram via internet, através dos portais de aplicação via web (Bellmunt, 2006). Até hoje, inúmeros exemplos de laboratórios web educacionais são implementados em diversas áreas como as Engenharias, Medicina, Biologia, Ciências da Computação, entre outros.

Há diversos trabalhos recentes descrevendo portais web por onde os alunos conseguem monitorar e controlar equipamentos reais na área de Sistemas de Controle. Shyr, Su e Lin (2013) utilizam um servidor web se comunica com um CLP para realizar o controle de uma esteira sincronizada com um braço cartesiano. Kalúz *et al.* (2015) propõem um servidor web para o controle de múltiplas bancadas no laboratório, onde os alunos realizam experimentos com equipamentos diferentes na mesma disciplina. Chevalier *et al.* (2017) introduzem outro portal online para uma disciplina de Engenharia de Controle. Os alunos se autenticam em uma página web criada para o curso, agendam um horário para se conectarem ao laboratório remoto e realizam experimentos com duas plataformas: uma plataforma de Stewart, onde os alunos controlam a posição de uma bola em um prato; e um sistema com quatro reservatórios de água, para controlar seus níveis. Em ambos, os usuários escolhem via web a estratégia de controle e os parâmetros dos controladores.

Em robótica, Lopes *et al.* (2017) desenvolveram uma aplicação web a partir da qual os alunos conseguem controlar robôs móveis através de comandos simples. A página é desenvolvida em HTML5 e CSS3, estando hospedada em um servidor Apache com os comandos inseridos pelos alunos processados em requisições AJAX ao servidor do laboratório, que processa os comandos e os envia para os robôs por meio de uma interface serial. Jiménez, Avilés e Mauledoux (2018) implementam um laboratório remoto pelo qual os alunos enviam comandos que são processados por um Arduino MEGA, controlando dois braços robóticos.

Nos casos anteriores, os laboratórios remotos utilizam uma solução muito semlhante: aplicar servidores web, baseados em arquitetura cliente-servidor, com os alunos podendo controlar e monitorar sistemas físicos simples. Merecem registro os sistemas de gerenciamento de laboratório remoto, que utilizam a arquitetura web, porém, permitindo hospedar laboratórios de diferentes disciplinas, assuntos e universidades. Alguns casos são o WebLab Deusto (Orduña *et al.*, 2011), o MIT iLAB (Mendes *et al.*, 2016), e o NCSLab (Lei *et al.*, 2018), repositórios de laboratórios remotos pelos quais os alunos se cadastram e acessam cursos em variadas áreas de conhecimento, não somente da Engenharia. Há autores, como Tawfik (2014), que classificam essa modalidade como *Laboratory as a Service* (LaaS).

Os laboratórios remotos baseados em aplicações web como os exemplos acima são muito populares, porém apresentam algumas restrições. Nos casos mencionados, por exemplo, permitem que os alunos escolham no portal qual a estratégia de controle mais adequada e seus parâmetros e monitorem o processo, porém não permitem que os alunos desenvolvam o algoritmo de controle, configurem as entradas e saídas dos dispositivos conectados ao controlador ou os protocolos de comunicação utilizados nos sistemas. Toda a configuração dos controladores e desenvolvimento do software de controle são definidos pelos projetistas do laboratório remoto.

Alguns trabalhos descrevem alternativas aos laboratórios remotos onde a interação do aluno com o laboratório ocorre exclusivamente via portais e aplicações web. Esses casos utilizam computação em nuvem, infraestrutura para virtualização de computadores e redes privadas virtuais para conceder maior acesso aos dados de hardware para os alunos sem abdicar da segurança dos dados e do hardware.

Kist *et al.* (2014) descrevem uma plataforma web em que os usuários podem compartilhar experimentos remotos nos campos da ciência, tecnologia e engenharias. Para acessar o serviço o usuário deve se conectar à VPN (*Virtual Private Network*) da University of South Queensland, Austrália. Alagappan, Venkataraman e Sivakumar (2016) discutem a viabilidade, os desafios e os benefícios de implementar um VDI (*Virtual Desktop Infrastructure*) para que os alunos possam acessar a partir de qualquer computador sua própria máquina virtual pré-configurada com aplicações necessárias. Godoy, Cayssials e Garino (2016) descrevem um laboratório remoto para o acesso a sensores sem fio. Esses sensores armazenam seus dados na Google Cloud, um provedor de serviços de computação em nuvem, com os alunos podendo acessá-lo de qualquer dispositivo com conexão à internet.

Ainda assim, a literatura sobre laboratórios remotos na área de Controle e Automação, que não se baseiam em uma aplicação web por onde o aluno interage com o hardware pré-configurado de controladores e periféricos, é incipiente. Descreve-se doravante uma solução técnica diferente da apresentada por muitos trabalhos que compõem o estado da arte em laboratórios remotos em que os alunos têm acesso direto ao ambiente do servidor virtualizado em suas máquinas, desenvolvem e carregam as suas aplicações diretamente no hardware do controlador e supervisionam e controlam as malhas como em um laboratório presencial.

4.3 Planta didática proposta

A disciplina SEL0432 (Laboratório de Controle de Processos Industriais), do curso de Engenharia Elétrica da USP de São Carlos, é ofertada anualmente em semestres pares concomitantemente à disciplina teórica Redes de Comunicação Industrial e possui como pré-requisito a disciplina teórica intitulada Automação. Essa disciplina é composta por aulas práticas semanais e comporta duas turmas de dezesseis alunos divididas em quatro grupos, os quais desenvolvem quatro projetos ao longo do semestre que são dedicados a experimentos com malhas de controle de nível, vazão, temperatura e também com sistema supervisório. Ao final do prazo de três semanas, os grupos alternam os projetos e entregam um relatório técnico contendo detalhes da implementação do projeto, resultados e conclusões. O professor e o aluno monitor da disciplina utilizam os relatórios entregues para avaliar o desempenho do grupo.

A planta didática é ilustrada na Figura 4.1, na qual foi projetada e construída na própria universidade especificamente para essa disciplina. Trata-se de uma "unidade de processo industrial" de escala reduzida que possui: quatro CLP dos fabricantes Siemens e Fertron (três para as práticas e um para a segurança da planta ao qual os alunos não têm acesso), transmissores 4-20 mA de vazão e nível e um transmissor de nível com interface de rede PROFIBUS, um controlador de temperatura com interface MODBUS, dez chaves comutadoras manuais e oito sinaleiras luminosas, um acoplador Profibus DP/PA, um *switch* Ethernet e dois inversores de frequência que acionam moto-bombas hidráulicas. O fluido de trabalho utilizado na planta didática é a água.

A primeira prática experimental tem como objetivo principal controlar a vazão de água pelo instrumento FIT-101, conforme indicado na Figura 4.1. Os alunos estabelecem um *setpoint*, mapeiam as entradas e saídas conectadas ao respectivo controlador, determinam uma estratégia de controle e a integram ao CLP. O grupo também é responsável por ajustar os ganhos de controlador PID para a variável vazão. No painel principal da planta, há chaves manuais pelas quais os alunos podem acionar o atuador desta prática – uma motobomba hidráulica – manualmente e escolher se o seu acionamento será manual ou automático via inversor de frequência.

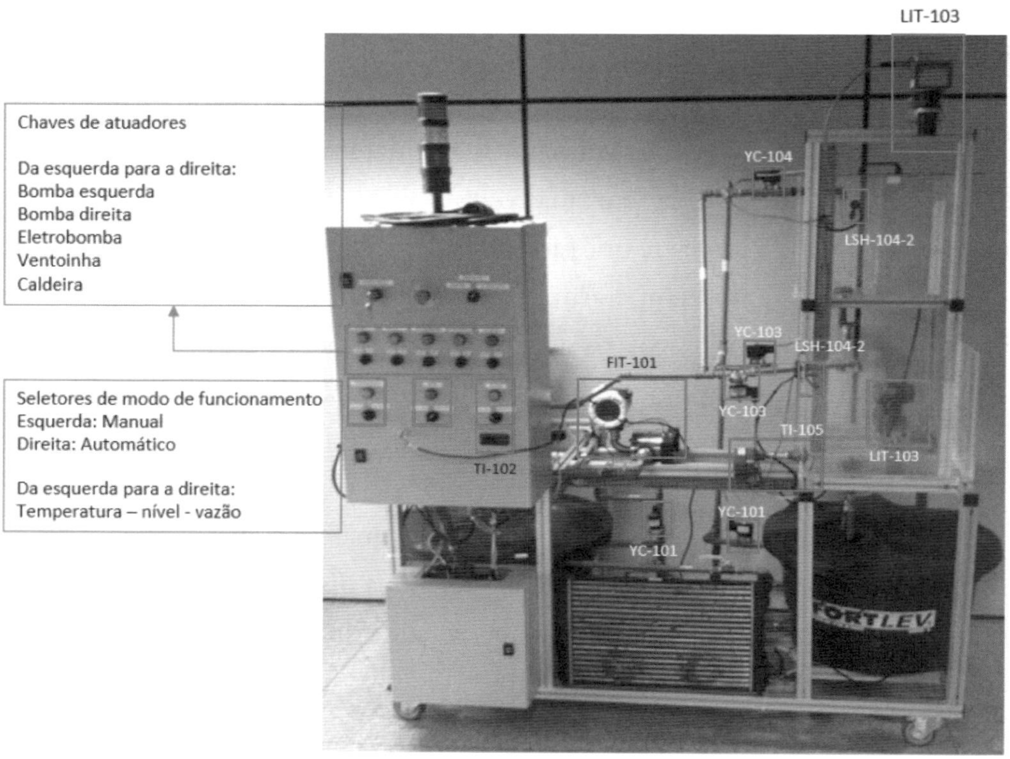

Figura 4.1 – Vista frontal da planta didática.

Na segunda prática experimental, os alunos controlam a temperatura da água que sai de uma caldeira e circula pelo reservatório. O grupo deve manter a água dentro de uma faixa de temperatura a ser escolhida pelos próprios alunos. Por questão de segurança, a temperatura do fluido não deve exceder 50 °C, com um termostato de segurança provocando a desenergização da resistência da caldeira caso essa condição de temperatura seja atingida. O painel elétrico principal contém duas chaves e duas sinaleiras luminosas, cujos propósitos são: a seleção do modo de controle automático/manual da resistência elétrica de aquecimento da caldeira e a respectiva sinalização do estado de energização da resistência elétrica da caldeira. Nessa prática os alunos podem optar por duas estratégias de controle: i) controlador liga/desliga; ii) controlador PID com sinal de controle por PWM (*pulse width modulation*). Ambas as estratégias podem ser configuradas em um CLP conectado via uma rede Modbus serial a um controlador *single loop* de temperatura.

A terceira prática tem como objetivo o controle de nível em um dos dois reservatórios de água presentes na planta didática. O grupo pode escolher qual dos dois reservatórios (configurados em cascata) terá seu nível controlado. Cada reservatório possui um transmissor de nível diferente, ou seja, um possui um transmissor de pressão diferencial 4-20 mA e outro um transmissor de nível radar PROFIBUS PA. Contudo, o conjunto de válvulas na tubulação e motobomba hidráulica acionada por inversor de frequência é o mesmo para ambos os tanques. O painel local possui duas chaves dedicadas para esse sistema de controle de temperatura.

Os autores destacam que, durante o desenvolvimento da disciplina, não são fornecidos modelos matemáticos para os alunos. Para os três primeiros experimentos é proposta uma sintonia inicial para cada controlador que garante a condição de estabilidade. A partir de tais sintonias iniciais, os alunos podem proceder com uma sintonia fina caso queiram e tenham tempo hábil para tal. Nesse caso os alunos podem utilizar o método da tentativa e erro ou então um método de sintonia por eles conhecido.

Por fim, a quarta prática envolve o desenvolvimento de um sistema supervisório, pelo software Elipse SCADA, que acessa as variáveis de cada CLP e representa seus estados por meio de elementos gráficos em uma aplicação com autenticação, em que o grupo pode definir o nível de acesso de grupos de usuário e telas de visualização em tempo real os dados dos CLP na planta. Os quatro projetos são executados simultaneamente, pois não compartilham recursos de hardware. A operação da malha de controle de cada grupo não inviabiliza a prática dos demais grupos, podendo ser realizada de forma simultânea. A operação de cada uma das malhas de controle implica somente distúrbios e alterações de carga das outras malhas de controle. O fluxograma de processos da planta didática é apresentado na Figura 4.2.

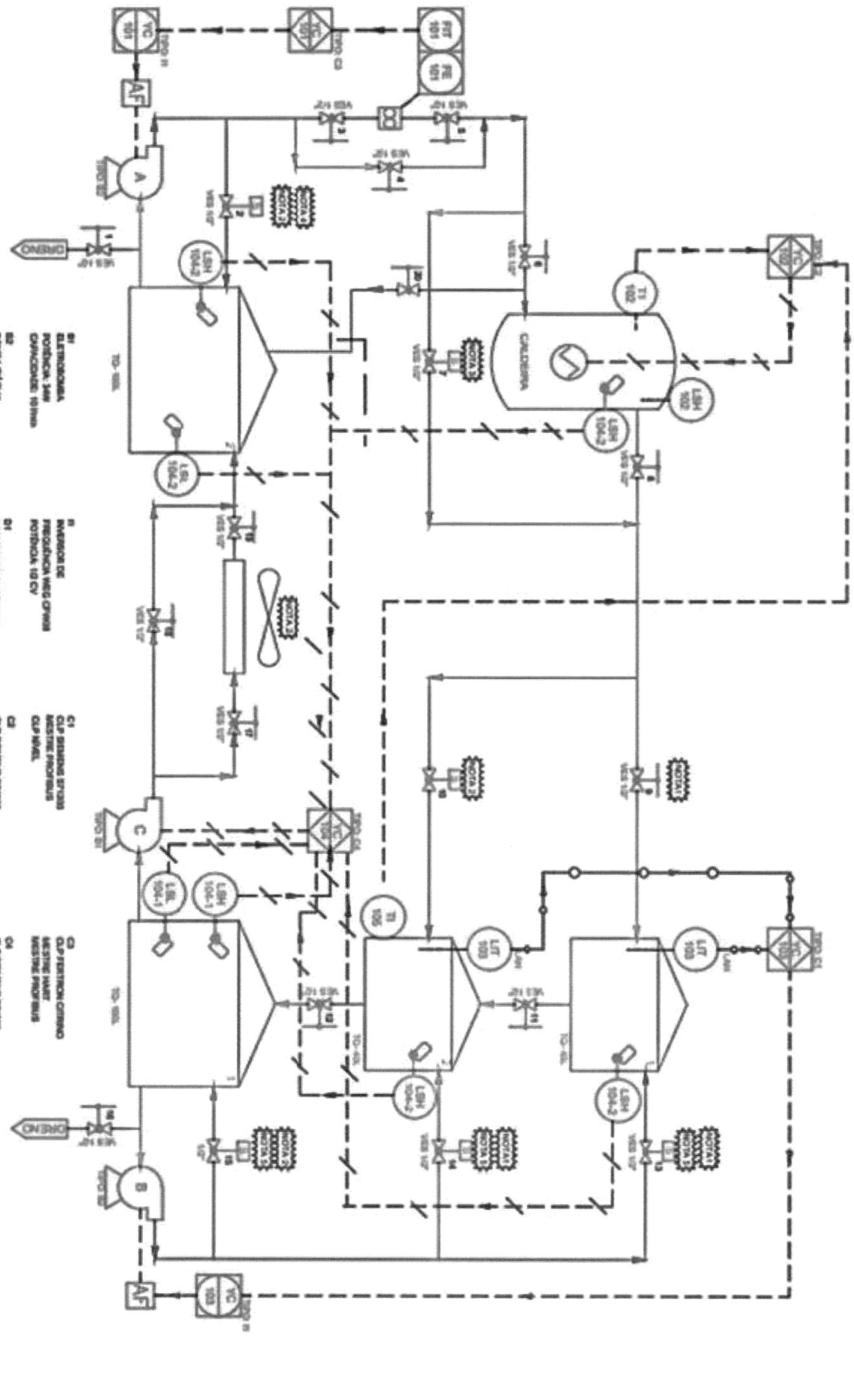

Figura 4.2 – Fluxograma de processos da planta didática.

4.4 Operação remota da planta didática

A escolha da forma de acesso remoto ao laboratório foi realizada de acordo com os requisitos do projeto detalhados nesta seção e com as limitações da planta didática. Os únicos elementos que possuem interface de rede são os CLP e é por meio desses que os alunos obtêm os dados de sensores e atuadores.

O primeiro requisito do acesso remoto é permitir o acesso aos controladores na rede local por meio de uma rede externa à universidade, e assim configurá-los e monitorá-los pela internet. O segundo requisito é a busca de uma solução segura, com previsão de confiabilidade, integridade e disponibilidade dos dados. O terceiro requisito é priorizar ferramentas abertas para que os alunos acessem e obtenham os dados da planta didática. Recursos didáticos adicionais são necessários para auxiliá-los no uso da ferramenta.

A solução adotada que atende aos três requisitos mencionados no parágrafo anterior é o uso de tecnologias de virtualização de áreas de trabalho de computadores, seja por meio de VDI por alguma plataforma de computação em nuvem ou por meio de algum aplicativo de acesso remoto (Portnoy, 2012; Pandey *et al.*, 2017).

Ao criar instâncias de áreas de trabalho virtuais na nuvem, cada aluno teria seu próprio ambiente e hardware virtuais dedicados, porém, ainda seria necessário um servidor ou outro recurso para se conectar aos CLP na planta. Apesar de escalável, tal tipo de solução em nuvem tem um custo de manutenção da infraestrutura e latência elevada na comunicação entre os clientes e o servidor (Godoy; Cayssials; Garino, 2016).

Por aplicativos de acesso remoto, como o TeamViewer, a máquina do usuário conecta-se diretamente ao servidor na internet. Porém, tal acesso direto contorna algumas camadas de segurança da aplicação. No caso do laboratório remoto em questão, existem outros requisitos mais a serem observados: i) permitir conexões multiplataforma; ii) gerenciamento de acessos simultâneos; iii) apresentar latência menor que 100 ms, considerado um valor aceitável para processos industriais não críticos (Godoy; Cayssials; Garino, 2016); iv) utilização de políticas de autenticação e autorização; v) limitar as permissões dos usuários no servidor.

A solução adotada aproveitou a infraestrutura de rede da universidade. Em um computador foram instaladas as aplicações necessárias aos alunos para a realização dos experimentos com a planta didática. O computador servidor de aplicações é definido como o "*gateway*" entre a rede local do laboratório e a rede WAN da universidade, chamada USPNet.

O *firewall* da Universidade bloqueia o acesso ao *gateway* no laboratório a partir de computadores conectados à internet. Para acessá-lo externamente é necessário primeiramente conectar-se a uma VPN mediante, por exemplo, o aplicativo Cisco AnyConnect Secure Mobility Client, utilizado neste projeto por ser o aplicativo cliente VPN recomendado pela instituição de ensino.

A conexão via VPN adota duas medidas de segurança: a primeira é a autenticação, ou seja, somente alunos e membros da universidade conseguem acesso; a segunda é a utilização do protocolo IPsec, que implementa criptografia na camada de rede e evita que mensagens interceptadas sejam decifradas.

Após a etapa de conexão à WAN da Universidade, o usuário está na mesma rede do servidor e precisa acessá-lo por um aplicativo ou protocolo. Optou-se por utilizar o protocolo RDP (*Remote Desktop Protocol*).

Ele é nativo para Windows, mas há aplicações clientes gratuitas para outras plataformas: Remmina para Linux, Microsoft Remote Desktop para MacOS e Remote Desktop Connection para os clientes de dispositivos móveis. O suporte a transferência de arquivos, múltiplas sessões e baixa/média latência em relação a outros protocolos foram fatores determinantes na escolha.

Após a conexão com a VPN, qualquer aplicação baseada no protocolo RDP consegue acessar o *gateway* por seu endereço IP fixo e pela porta correta. O *firewall* permite somente a porta 3389 para conexões remotas com o servidor de aplicações (*gateway*), porém, o endereço no formato "IP: porta" é substituído por um nome pelo uso do serviço No-IP,[1] que fornece domínios.

[1] NO-IP. Disponível em: https://www.noip.com.

Por meio da interface da aplicação de acesso remoto, o aluno escolhe a qual usuário padrão ele quer se conectar: VAZAO, TEMPERATURA, NIVEL ou SUPERVISAO, os quais possuem os programas necessários para desenvolver suas atividades, além de ferramentas adicionais de apoio ao laboratório remoto. O aluno autorizado possui uma senha e um nome de usuário sem os quais ele não consegue acesso, e esta é a última etapa de verificação antes de concretizar o acesso.

Além dos requisitos para definir uma solução de acesso remoto seguro ao servidor, há os requisitos de configuração do próprio servidor. O Windows Server é um sistema operacional apropriado para o gerenciamento de acesso remoto, contudo, nem todos os softwares de configuração de CLP e sistema SCADA são compatíveis com esse sistema operacional. Os únicos sistemas operacionais suportados por todas as aplicações industriais da planta didática são o Windows 7, XP, 8 e 10. Para manter o ambiente de trabalho semelhante ao ambiente das máquinas do laboratório, optou-se pelo Windows 7.

Em suma, todas as conexões à planta são centralizadas por esse servidor. Como o servidor recebe no máximo quatro conexões simultâneas, é factível centralizar o processamento das atividades dos usuários remotos. O servidor foi configurado com um usuário administrador do sistema e quatro usuários comuns. Para testar a latência na comunicação com o servidor, um teste de conexão foi realizado com quatro usuários externos à universidade, via Remote Desktop Connection sobre VPN conforme descrito. Tais usuários executaram tarefas como abrir o navegador e acessar projetos nos softwares SCADA e configuradores de CLP. Tais usuários estavam conectados à Internet via links acesso de 10 Mbps em testes de conectividade repetidos cinquenta vezes. As latências mínimas, médias e máximas foram, respectivamente, de 23,2 ms, 32,6 ms e 49,3 ms, valores consideráveis aceitáveis. Usuários distintos podem acessar contas distintas ao mesmo tempo, contudo, não podem acessar o mesmo usuário simultaneamente. Essa característica não é inerente ao protocolo RDP, o qual permite que usuários capturem sessões ativas de outros. *Scripts* de programação em PowerShell foram, portanto, desenvolvidos com o propósito de gerenciar múltiplas conexões. Um usuário só pode abrir uma sessão se ela estiver livre. Outras configurações do servidor são o período máximo de duas horas de sessão por usuário (aluno) com acesso restrito ao navegador, aplicativos do desktop, e às opções de fazer *logout* ou se desconectar (nesse caso, a sessão fica ativa por mais dois minutos caso a conexão termine involuntariamente, para que ele ainda possa reconectar-se à sessão), e tempo ocioso máximo com a sessão ativa de dez minutos.

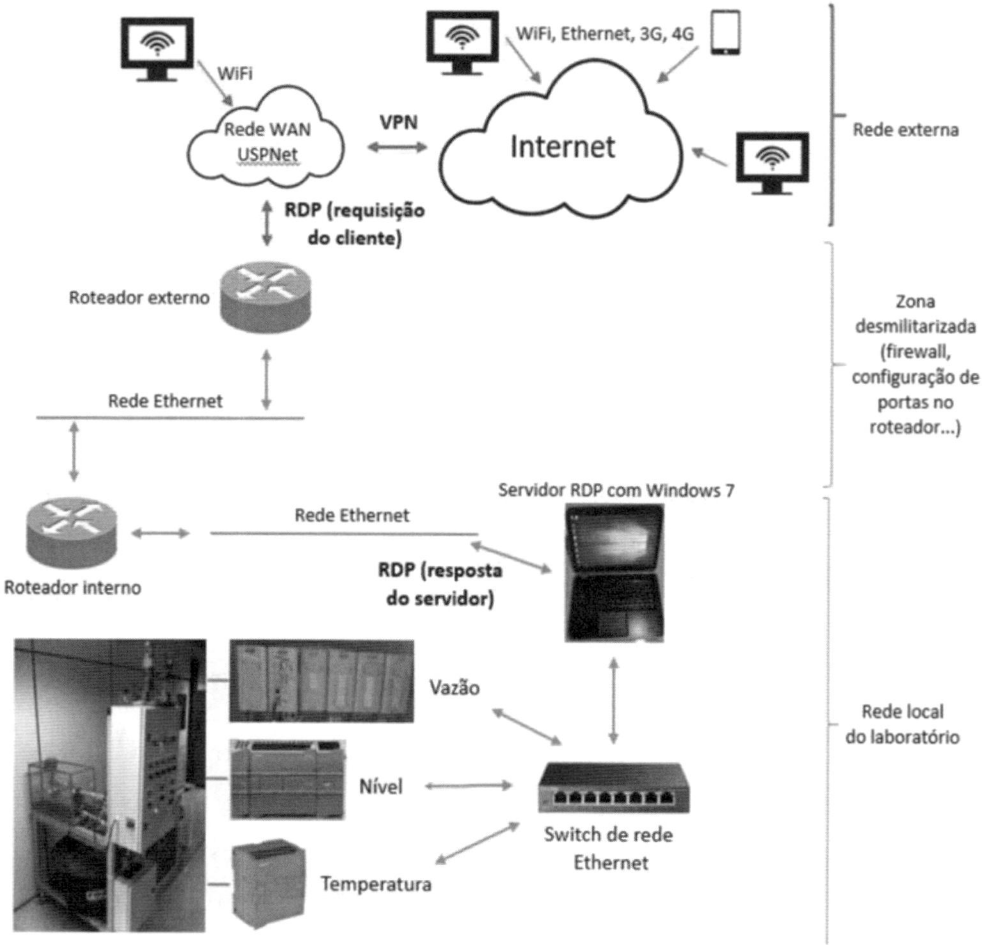

Figura 4.3 – Arquitetura de implementação do laboratório remoto.

Fonte: Alves, Brandão e Tietz (2018).

Todas as configurações podem ser alteradas pelo administrador do sistema e são transparentes aos usuários. Seus únicos passos são conectar-se à USPNet e posteriormente ao servidor via qualquer aplicação baseada no protocolo RDP para realizar os experimentos. A arquitetura resultante do laboratório remoto é representada pela Figura 4.3.

Na Figura 4.3 é possível identificar as instalações do laboratório, incluindo o servidor RDP de acesso remoto dentro da rede local, os roteadores da rede interna da USP na zona desmilitarizada e os clientes remotos na internet com acesso à rede da Universidade via VPN (rede externa). A interação remota com a unidade industrial tende a diminuir a sensação de controle sobre os experimentos. Ademais, em práticas remotas, a leitura de dados e a observação da planta não são tão fáceis quanto em práticas presenciais, portanto, algumas ferramentas adicionais são implementadas na rede local para providenciar uma experiência melhor aos alunos. Algumas ferramentas são de uso dos alunos, enquanto outras são restritas aos administradores do sistema (ou seja, aluno-monitor e o professor).

Três *webcams* são posicionadas de forma a focalizar os pontos principais da planta: o painel principal, os reservatórios e o transmissor volumétrico, conforme ilustrado na Figura 4.4. As imagens são fornecidas automaticamente sempre que um usuário se conecta ao servidor, e apresentadas na tela da máquina do cliente.

(a) (b) (c)

Figura 4.4 – Diferentes ângulos da planta vistos pelas *webcams*.

Ainda que as *webcams* mostrem valores das variáveis de processo, elas não conseguem indicar os valores de todas as variáveis dos CLP. O aluno, todavia, consegue visualizá-las em uma tabela de monitoramento de entradas e saídas quando o CLP está em uso e em modo online. Um sistema supervisório auxiliar (dedicado e redundante), disponível em um portal web, também é iniciado automaticamente quando o usuário inicia a conexão com o servidor.

O sistema supervisório redundante acessa um segundo *gateway*, autônomo redundante, construído com um computador de placa única Raspberry Pi, o qual lê ciclicamente (apenas leitura) os valores de cada CLP e os publica em um *broker* MQTT (*Message Queuing Telemetry Transport*). Um serviço web consome esses dados e os atualiza em uma *dashboard* acessível pela web. A Figura 4.5 ilustra a interface gráfica do sistema supervisório auxiliar com os valores das variáveis do CLP responsável pelo controle da malha de temperatura.

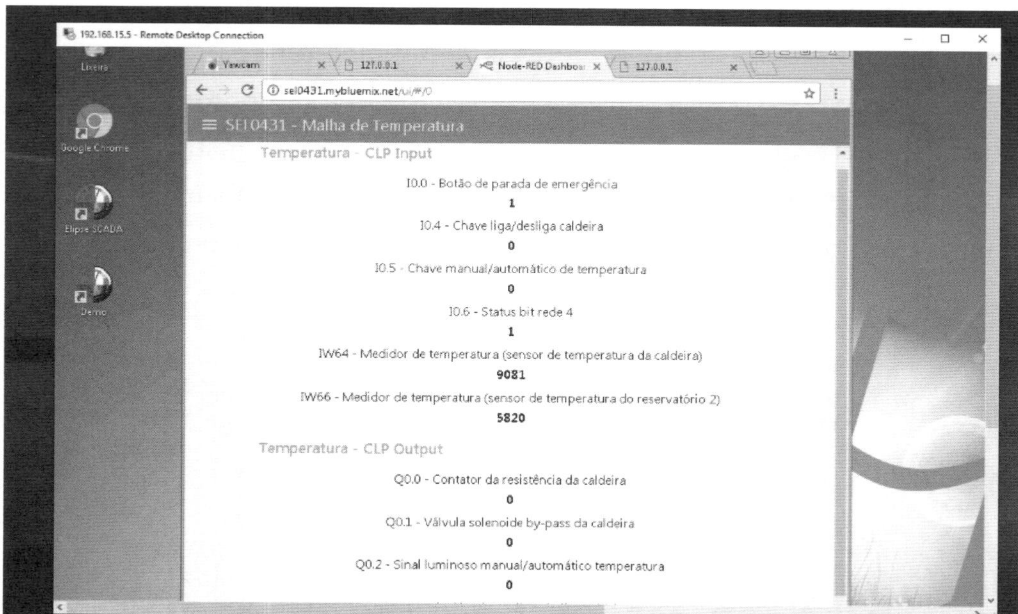

Figura 4.5 – *Dashboard* online para supervisão das variáveis do CLP de controle de temperatura.

Além de visualizar os valores das variáveis, os alunos devem ser capazes de atuar nas variáveis de entrada digital. No modo automático de controle, essa tarefa é realizada exclusivamente via software, entretanto, no modo manual de controle, o acionamento a distância das chaves seletoras é impossível. Tutoriais produzidos para esse fim explicam como "forçar" o estado de variáveis de entrada nos configuradores de CLPs TIA Portal (Siemens) e Citrino Tools (Fertron).

A última ferramenta de apoio ao laboratório instalada no servidor, denominada UserLock, é útil para os administradores do sistema e para os usuários. Ela registra as informações sobre cada sessão, como o usuário ao qual o aluno se conectou, os horários de início e fim de cada sessão, o tempo de duração de cada conexão, IP e nome de usuário do cliente. Por essa ferramenta, os alunos conseguem consultar se o usuário padrão (VAZAO, TEMPERATURA, NIVEL ou SUPERVISAO) que eles desejam acessar está disponível. Caso o aluno queira agendar uma conexão, ele deve contatar o professor ou o aluno monitor.

Em resumo, os alunos se conectam à VPN quando suas máquinas estão em uma rede externa à USPNet, por meio de um aplicativo gratuito, para então se conectarem ao servidor do laboratório, por meio de outro aplicativo baseado no protocolo RDP. Além do ambiente virtual com os programas necessários, eles monitoram em tempo real seus experimentos e podem requisitar ao tutor da disciplina o agendamento de um acesso.

A segurança da aplicação é considerada em diversos níveis, desde a planta física por meio do CLP de segurança até a camada de aplicação por meio do aplicativo Cisco AnyConnect. Em suma, os recursos de segurança são: Cisco AnyConnect (autenticação para acesso à VPN e mensagens encapsuladas com o protocolo IPsec); *firewall* da própria infraestrutura de rede da USP; servidor RDP (autorização, política de acesso dos usuários padrão aos recursos da máquina e monitoramento de conexões); e planta didática (CLP dedicado à segurança dos equipamentos da planta).

4.5 Análise dos resultados

A análise dos resultados está dividida em dois pontos: o primeiro visa ponderar o impacto da ferramenta no processo de aprendizagem de controle de processos industriais. O impacto da ferramenta no processo de aprendizagem foi analisado de forma comparativa considerando-se duas turmas de alunos matriculados que não tiveram acesso ao recurso de acesso remoto ao laboratório e duas turmas de alunos matriculados que o tiveram. Tais turmas cursaram a disciplina em questão em anos subsequentes.

O segundo ponto analisado é a visão discente sobre a experiência no laboratório remoto, obtida a partir da aplicação de questionários aos alunos. Os resultados completos do estudo realizado estão disponíveis em Alves (2018) e em Alves, Brandão e Tietz (2018).

4.5.1 Impacto da ferramenta no processo de aprendizagem de controle de processos industriais

Avaliando-se o desempenho das turmas de alunos que utilizaram do acesso remoto, observa-se uma melhora ao longo do semestre. Nas primeiras semanas, as turmas se adaptam aos equipamentos, aos configuradores dos controladores, ao software SCADA e enfrentam desafios até então novos para elas. O volume de dúvidas é maior e os alunos empregam mais tempo superando eventuais obstáculos que aparecem durante o desenvolvimento dos projetos, portanto, algumas etapas não são concluídas.

Contudo, conforme os alunos ganham experiência ao trabalhar com o equipamento, eles interagem entre si e fazem, em alguns momentos, o papel de facilitadores para outros alunos, ajudando os tutores da disciplina. Isso é uma característica da abordagem PjBL que contribui para a melhora no desempenho geral ao longo do semestre. A quantidade de perguntas durante as aulas tende a diminuir e os grupos trabalham de forma mais autônoma, sem depender exclusivamente dos tutores para o esclarecimento de dúvidas.

Confrontando-se os desempenhos dos alunos que usaram em relação aos que não usaram o acesso remoto, verificou-se uma melhora nas turmas que dispunham do recurso. Todas as etapas principais foram concluídas e os alunos avançaram em experimentos mais complexos com o recurso de acesso remoto à planta e por consequência apresentaram resultados mais completos. Melhorias na documentação técnica e nos tutoriais de acesso remoto, bem como o aumento no tempo disponível para o uso do laboratório contribuíram, em tese, com o desenvolvimento dos projetos.

Outro aspecto importante observado com a implantação do laboratório remoto deriva de que cada aluno passa a possuir seu próprio ambiente de trabalho. Durante as aulas práticas presenciais, os alunos em grupos se dividem em tarefas bem definidas para entregar o projeto dentro do prazo, em que cada possui uma função na equipe. Com a ferramenta de acesso a distância, cada aluno pode, caso queira: i) realizar remotamente as atividades da prática; ii) estudar o funcionamento dos dispositivos da planta; iii) configurar o software de programação de CLP; iv) realizar testes com as malhas de controle. A experiência individual na disciplina pode ser, portanto, mais completa. Nesse sentido, uma potencial melhoria na avaliação seria aplicar testes individuais para medir o conhecimento de cada aluno durante o semestre.

Foi registrado que o número de acessos remotos aumentou consideravelmente ao longo do semestre e uma hipótese pode justificar esse crescimento: a prioridade de escolha dos alunos. No início do semestre, a maior necessidade dos grupos é entender o funcionamento da planta didática e realizar os primeiros testes com as malhas de controle e o sistema SCADA. Os alunos preferem fazê-lo presencialmente, pois sentem que há o controle de fato sobre a operação da planta. Quando eles não concluem as etapas dentro do tempo esperado ou querem realizar um experimento individualmente, utilizam o laboratório remoto. Portanto, ao ganhar confiança em acessar presencialmente a planta, os grupos começaram a diluir suas atividades entre o horário de aula e o acesso remoto.

O registro de tempo médio para se concluir cada prática de duração proposta de três semanas da disciplina foi reduzido em dois dias úteis, em média. Atribui-se aos mesmos motivos o incremento da eficiência dos alunos: documentação aprimorada sobre a planta piloto e o acesso remoto além da possibilidade de expansão do tempo de uso do laboratório para se concluir os objetivos. A diminuição no tempo para conclusão dos projetos é mais notória nas semanas finais, nas quais se registraram mais acessos remotos.

4.5.2 Avaliação discente sobre o uso do laboratório remoto

As melhores avaliações dadas pelos alunos aos diferentes aspectos da experiência com acesso remoto foram registradas nos quesitos facilidade de acesso, flexibilidade para uso da planta e utilidade para esta e outras disciplinas. Os alunos envolvidos neste estudo, naturalmente, se aplicam a outras disciplinas práticas, nas quais eles experimentam as mesmas restrições: de tempo em laboratório, e de recursos físicos ou recursos humanos para auxiliá-los a concluir suas práticas. A disponibilidade do acesso remoto, das aplicações gratuitas e da infraestrutura de rede da própria universidade, na visão dos alunos, os estimula a explorar mais a fundo e/ou por mais tempo os recursos do laboratório.

Por outro lado, apesar de as ferramentas adicionais permitirem que os alunos visualizem os dados da planta em tempo real, a facilidade em obter informação é limitada, pois as *webcams* focam pontos específicos da planta, que são o painel, os reservatórios e o transmissor volumétrico. Em comparação com o laboratório presencial, a sensação de segurança no manuseio e na interação com os equipamentos é menor.

Trabalhar remotamente com chaves e elementos comutados manualmente foi outra dificuldade relatada pelos estudantes. Ainda que os softwares de configuração do CLP permitam que os alunos forcem os estados das entradas do CLP associadas a botões e chaves seletoras, não se trata de uma tarefa intuitiva e exige um tutorial adicional. Para as práticas envolvendo sistemas SCADA e o controle automático por malhas de controle, o desenvolvimento não foi prejudicado.

4.6 Considerações finais

Este capítulo relata um recurso pedagógico de acesso remoto para transformar uma disciplina presencial de laboratório de controle de processos industriais em uma disciplina híbrida. A ferramenta apresentada de acesso remoto utilizou tecnologias e arquitetura diferentes das soluções utilizadas por laboratórios remotos descritos na literatura, mas ainda baseada em aplicações gratuitas. A solução apresentada permite aos alunos o controle das aplicações instaladas na máquina servidora, contudo, sem deixar de aplicar políticas de segurança. A solução é baseada no protocolo remoto RDP sobre a VPN da universidade. Ferramentas adicionais de suporte ao uso do laboratório e técnicas de segurança foram previstas em todas as camadas da arquitetura da solução.

As razões principais pelas quais essa ferramenta foi desenvolvida e implantada foram suplantar a necessidade dos alunos de lidar com restrições tradicionais de tempo e acesso ao laboratório e seus recursos didáticos, ampliar o acesso dos alunos aos conceitos de controle de processos industriais sob a ótica da conectividade da Indústria 4.0 e, por fim, introduzir o contato com tecnologias de acesso remoto.

A solução apresentada pode ser replicada em qualquer disciplina que use equipamento programável e com conexão de rede. Ainda que no caso apresentado os únicos dispositivos com interface de rede na planta didática sejam os CLP, isso não impossibilita o acesso às suas variáveis pela rede externa via um servidor ou *gateway*, como demonstrado.

Ao se considerar as possibilidades de ampliação do número de alunos por turma ou mesmo tornar a disciplina acessível a alunos de outras universidades (como é o caso dos sistemas de gerenciamento de laboratórios remotos), algumas mudanças na solução seriam necessárias. A primeira seria adotar uma ferramenta de agendamento automático, independente do administrador do sistema. A segunda seria tornar a solução independente da infraestrutura de rede da universidade, e para isso soluções de VDI são recomendáveis devido a sua escalabilidade. Apesar de não haver um serviço público e permanente de acesso à planta didática apresentada, os autores se disponibilizam a oferecer apoio para habilitar o acesso remoto à planta didática mediante solicitação. Também permanecem à disposição para cooperar na implantação das ferramentas desenvolvidas para cursos ou instituições de ensino que possam ter interesse na solução apresentada neste capítulo.[2]

Finalmente, cabe destacar algumas das melhorias sugeridas pelos alunos para tornar a experiência com o laboratório remoto próxima à experiência de um laboratório presencial. Essas sugestões vão desde melhorar a obtenção de dados e a manipulação manual em alguns dispositivos, como aprimorar as aplicações integradas ao sistema de acesso remoto para que alunos de um mesmo grupo ou de grupos distintos e tutores possam se comunicar e trocar dados e arquivos. Conclui-se, portanto, com a constatação de que a técnica de acesso remoto auxiliou na aprendizagem dos alunos e, combinada com as vantagens do laboratório presencial, é uma abordagem recomendada a outras disciplinas experimentais. Os estudantes cursam uma quantidade grande de disciplinas por semestre, e o apoio de um conjunto de iniciativas como esta pode contribuir para uma experiência mais completa em um curso de graduação.

Referências

ALAGAPPAN, A.; VENKATARAMAN, S.; SIVAKUMAR, S. Virtual desktop infrastrutcture for rendering education technology in multifaceted learning platforms: a case study at Botho University. *In*: INTERNATIONAL CONFERENCE ON SIGNAL PRO-

[2]Todos os tutoriais e recursos didáticos utilizados na disciplina SEL0431 (Laboratório de Controle de Processos Industriais) estão disponíveis na plataforma e-disciplinas da USP no endereço: https://edisciplinas.usp.br/course/view.php?id=70842.

CESSING, COMMUNICATION, POWER AND EMBEDDED SYSTEM, 2016, Paralakhemundi. **Proceedings** [...]. Paralakhemundi: IEEE, p. 1717-1720. DOI: https://doi.org/10.1109/SCOPES.2016.7955736.

ALVES, L. F.; BRANDÃO D.; TIETZ, F. Desenvolvimento de laboratório remoto para suporte ao ensino de controle de processos industriais para estudantes de Engenharia Elétrica. *In*: CONGRESSO INTERNACIONAL DE EDUCAÇÃO E TECNOLOGIAS, 4., 2018, São Carlos. **Anais** [...]. São Carlos, 2018. Disponível em: https://cietenped.ufscar.br/submissao/index.php/2018/article/view/199. Acesso em: 18 mar. 2022.

ANGULO, I.; RODRIGUEZ-GIL, L.; GARCIA-ZUBIA, J. Scaling up the lab: an adaptable and scalable architecture for embedded systems remote labs. **IEEE Access**, v. 6, p. 16887-16900, 2018. DOI: http://dx.doi.org/10.1109/access.2018.2812925.

ALVES, L. F. **Laboratório remoto para controle e supervisão de processos industriais em planta didática multitarefa**. 2018. Dissertação (Mestrado em Engenharia Elétrica) – Universidade de São Paulo, São Carlos, 2018. DOI: https://doi.org/10.11606/D.18.2019.tde-26022019-104544.

ALVES, L. F; BRANDÃO, D.; OLIVEIRA, M. A. A multi-process pilot plant as a didactical tool for the teaching of industrial processes control in Electrical Engineering course. **The International Journal of Electrical Engineering Education**, v. 56, n. 1, p. 62-91, 2019. DOI: http://dx.doi.org/10.1177/0020720918787455.

ALVES, L. F.; BRANDÃO, D.; TIETZ, F. Desenvolvimento de laboratório remoto para suporte ao ensino de controle de processos industriais para estudantes de Engenharia Elétrica. **CIET:EnPED**, São Carlos, maio 2018. Disponível em: https://cietenped.ufscar.br/submissao/index.php/2018/article/view/199. Acesso em: 3 maio 2022.

BELLMUNT, O. G.; MIRACLE, D. M.; ARELLANO, S. G.; SUMPER, A.; ANDREU, A. S. A distance PLC programming course employing a remote laboratory based on a flexible manufacturing cell. **IEEE Transactions on Education**, v. 49, n. 2, p. 278-284, 2006. DOI: http://dx.doi.org/10.1109/te.2006.873982.

CAMINERO, A. C.; ROS, S.; HERNÁNDEZ, R.; ROBLES-GÓMEZ, A.; TOBARRA, L.; GRANJO, P. J. T. VirTUal remoTe labORatories management system (TUTORES): using cloud computing to acquire university practical skills. **IEEE Transactions on Lear-**

ning Technologies, v. 9, n. 2, p. 133-145, 2016. DOI: http://dx.doi.org/10.1109/tlt.201 5.2470683.

CHEVALIER, A.; COPOT, C.; IONESCU, C.; KEYSER, R. A three-year feedback study of a remote laboratory used in Control Engineering studies. **IEEE Transactions on Education**, v. 60, n. 2, p. 127-133, 2017. DOI: http://dx.doi.org/10.1109/te.2016.2605080.

EFSTRATIA, D. Experiential Education through Project Based Learning. **Procedia – Social and Behavioral Sciences**, v. 152, p. 1256-1260, 2014. DOI: https://doi.org/10.1 016/j.sbspro.2014.09.362.

ENCALADA, W. L.; SEQUERA, J. L. C. Model to implement virtual computing labs via cloud computing services. **Symmetry**, v. 9, n. 7, p. 117-131, 2017. DOI: http://dx.doi.o rg/10.3390/sym9070117.

FERNANDES, M. A. C. Project-based learning applied to an embedded systems course. **The International Journal of Electrical Engineering Education**, v. 54, n. 3, p. 223-235, 2016. DOI: http://dx.doi.org/10.1177/0020720916675830.

GODOY, P.; CAYSSIALS, R.; GARINO, C. G. A cloud based WSN remote laboratory for user training. *In*: Congreso de Educación en Tecnología y Tecnología en Educación (TE&ET 2016), 11., 2016, Morón. **Libro de Actas** [...]. Morón: UNIMORON, 2016, p. 524-534. Disponível em: http://sedici.unlp.edu.ar/handle/10915/54630. Acesso em: 26 maio 2022.

IANNUCCI, L.; PARVIS, M.; FRANCIA, E.; GRASSINI, S. iHomeX: an internet-enabled laboratory for long-term Experiment management. **IEEE Transactions on Instrumentation and Measurement**, v. 67, n. 5, p. 1142-1149, 2018. DOI: http://dx.doi.org/10.11 09/tim.2017.2786740.

IONESCU, C. M.; FABREGAS, E.; CRISTESCU, S. M.; DORMIDO, S.; KEYSER, R. A remote laboratory as an innovative educational tool for practicing Control Engineering concepts. **IEEE Transactions on Education**, v. 56, n. 4, p. 436-442, 2013. DOI: http: //dx.doi.org/10.1109/te.2013.2249516.

JAGADEESH, R.; RANGANATHA, R.; SIDDARAJU, C. Design and implementation of an architecture for a remotely operated PLC laboratory using Labview. **International Journal of Mechanical and Production Engineering Research and Develop-**

ment (IJMPERD), v. 8, n. 2, p. 419-426, 2018. DOI: http://dx.doi.org/10.24247/ijmperdapr201847.

JIMÉNEZ, R.; SANCHEZ, O. A.; MAULEDEOX, M. Remote lab for robotics applications. **International Journal of Online and Biomedical Engineering (iJOE)**, v. 14, n. 1, p. 186-192, 2018. DOI: http://dx.doi.org/10.3991/ijoe.v14i01.7674.

KALÚZ, M.; GARCÍA-ZUBÍA, J.; FIKAR, M.; CIRKA, L. A flexible and configurable architecture for automatic control remote laboratories. **IEEE Transactions on Learning Technologies**, v. 8, n. 3, p. 299-310, 2015, DOI: https://doi.org/10.1109/TLT.2015.2389251.

KIST, A. A.; MAITI, A.; MAXWELL, A. D.; MIDGLEY, W.; NOBLE, K.; TING, W. Overlay network architectures for peer-to-peer remote access laboratories. *In*: INTERNATIONAL CONFERENCE ON REMOTE ENGINEERING AND VIRTUAL INSTRUMENTATION (REV), 11., 2014, Porto. **Proceedings** [...]. Porto: IEEE, p. 274-280, 2014. DOI: http://dx.doi.org/10.1109/rev.2014.6784274.

LOPES, M. S. S.; GOMES, I. P.; TRINDADE, R. M. P.; SILVA, A. F.; LIMA, A. C. C. Web environment for programming and control of a mobile robot in a remote laboratory. **IEEE Transactions on Learning Technologies**, v. 10, n. 4, p. 526-531, 2017. DOI: http://dx.doi.org/10.1109/tlt.2016.2627565.

LEI, Z.; ZHOU, H.; HU, W.; DENG, Q.; ZHOU, D.; LIU, Z.-W.; LAI, J. Modular web-based interactive hybrid laboratory framework for research and education. **IEEE Access**, v. 6, p. 20152-20163, 2018. DOI: http://dx.doi.org/10.1109/access.2018.2821713.

LUTHON, F.; LARROQUE, B. LaboREM: a remote laboratory for game-like training in electronics. **IEEE Transactions on Learning Technologies**, v. 8, n. 3, p. 311-321, 2015. DOI: https://doi.org/10.1109/TLT.2014.2386337.

MENDES, L. A.; LI, L.; BAILEY, P. H.; DELONG, K. R.; ALAMO, J. A. Experiment lab server architecture: a web services approach to supporting interactive LabVIEW-based remote experiments under MIT's iLab shared architecture. *In*: INTERNATIONAL CONFERENCE ON REMOTE ENGINEERING AND VIRTUAL INSTRUMENTATION (REV), 13., 2016, Madrid. **Proceedings** [...]. IEEE: Madrid, p. 293-305, 2016. DOI: https://doi.org/10.1109/REV.2016.7444486.

ORDUÑA, P.; IRUZUN, J.; RODRÍGUEZ-GIL, L.; GARCIA-ZUBIA, J.; GAZZOLA, F.; LÓPEZ-DE-IPIÑA, D. Adding new features to new and existing remote experiments through their integration in WebLab-Deusto. **International Journal of Online and Biomedical Engineering (iJOE)**, v. 7, n. 2, p. 33-39, 2011. DOI: https://doi.org/10.3991/ijoe.v7iS2.1774.

PANDEY, A.; VU, L.; PUTHIYAVEETTIL, V.; SIVARAMAN, H.; KURKURE, U.; BAPPANADU, A. An automation framework for benchmarking and optimizing performance of remote desktops in the cloud. *In*: INTERNATIONAL CONFERENCE ON HIGH PERFORMANCE COMPUTING SIMULATION (HPCS), 2017, Genoa. **Proceedings** [...]. Genoa: IEEE, p. 745-752, 2017. DOI: http://dx.doi.org/10.1109/hpcs.2017.113.

PORTNOY, M. **Virtualization essentials**. Indianapolis: Wiley, 2012.

SHYR, W.-J.; SU, T.-J.; LIN, C.-M. Development of remote monitoring and a control system based on PLC and webaccess for learning mechatronics. **International Journal of Advanced Robotic Systems**, v. 10, n. 2, p. 97-104, 2013. DOI: http://dx.doi.org/10.5772/55363.

TAWFIK, M.; SALZMANN, C.; GILLET, D.; LOWE, D.; SALIAH-HASSANE, H.; SANCRISTOBAL, E.; CASTRO, M. Laboratory as a Service (LaaS): a novel paradigm for developing and implementing modular remote laboratories. **International Journal of Online and Biomedical Engineering (iJOE)**, v. 10, n. 4, p. 13-21, 2014. DOI: http://dx.doi.org/10.3991/ijoe.v10i4.3654.

Capítulo 5

Laboratório de sistemas de controle com acesso remoto baseado em Internet das Coisas

Danilo Oliveira Martins
Bruno Augusto Angélico
Alexandre Brincalepe Campo

5.1 Introdução

Os laboratórios didáticos, virtuais ou com sistemas físicos e acesso remoto, são alternativas potenciais de ensino e aprendizagem diante dos problemas semelhantes aos recentemente evidenciados com o surgimento do novo coronavírus em 2020. Com a ferramenta proposta neste capítulo, pode-se desenvolver um curso de laboratório de sistemas de controle completamente remoto ou em uma abordagem híbrida, abordando aspectos como a identificação de sistemas, o projeto de controladores de velocidade e de posição para servomecanismos de corrente contínua e o monitoramento do processo por análise gráfica. A ferramenta pode ser implementada sem interferir fisicamente no processo do sistema de controle, que pode ficar em um ambiente centralizado, facilitando a configuração do experimento e sua manutenção.

Diversos livros didáticos de Engenharia de Controle, por exemplo, Ogata (2010), Franklin, Powell e Emami-Naeini (2013) e Dorf e Bishop (2018), não abordam aspectos práticos de implementação. Nos capítulos desses livros referentes ao projeto de sistemas de controle por alocação de polos, uma vez que a posição dos polos dominantes de malha fechada tenha sido satisfeita, geralmente um simples teste de resposta ao sinal do tipo degrau é realizado, por meio de alguma simulação, para validação do projeto.

No entanto, nem sempre os projetos de sistemas de controle em malha fechada apresentam bom desempenho quando são garantidas as posições dos polos dominantes. As dinâmicas não modeladas e os efeitos de não linearidades como a zona morta e o *backlash* afetam o desempenho do sistema em malha fechada, como destacado em Castrucci, Bittar e Sales (2018).

Duas técnicas de controle, uma de avanço de fase e outra com uma estrutura em cascata, são consideradas neste capítulo para o controle de posição de um servomecanismo. Teoricamente, em ambos os casos, os sistemas em malha fechada são equivalentes, mas os desempenhos práticos apresentam diferenças, principalmente em relação ao erro em regime estacionário. Idealmente, sem considerar os efeitos de zona morta, o integrador da planta já seria suficiente para anular o erro em regime estacionário devido a uma entrada tipo degrau. No entanto, a ação integral inerente ao processo não é capaz de anular o erro na presença de zona morta, pois o sinal de erro não passa por essa não linearidade antes de chegar à entrada do integrador da planta (Bazanella; Silva Junior, 2005). Portanto, a ação integral precisa estar antes da zona morta.

As tecnologias modernas da internet criaram possibilidades no mundo das máquinas conectadas (Zhang; Gao, 2020). Adicionalmente, Leisenberg e Stepponat (2019) indicam que, especificamente, a Internet das Coisas (*Internet of Things* – IoT) é o próximo passo em direção a uma sociedade digital na qual os objetos e as pessoas estão conectados. O projeto e a implementação de uma nova plataforma, EMU-IoT, são apresentados por Ramprasad *et al.* (2019) fornecendo aos usuários um laboratório virtual de IoT com um ambiente de baixo custo para executar e experimentar as redes IoT de grande escala. Adicionalmente, Shafique *et al.* (2020) aponta uma visão panorâmica do uso do IoT que abrange tendências estatísticas e arquitetônicas, bem como casos de uso, desafios além de perspectivas futuras.

Em Wilson *et al.* (2020), o ímpeto de dar aos usuários o acesso remoto a robôs físicos permite que ideias que funcionam no papel, e em simulações, sejam aplicadas em problemas do mundo real. Um exemplo consagrado é a plataforma Robotarium, que tem sido utilizada por pesquisadores de Engenharia de Controle, roboticistas e diversos outros usuários em todo o mundo (Beaver; Malikopoulos, 2021; Wang; Gombolay, 2020).

Este capítulo apresenta uma aplicação de controle de posição de um servomecanismo integrada com o IoTControl (Martins; Fernandes; Campo, 2020). É uma ferramenta que permite que a arquitetura de laboratório remoto baseada em IoT seja utilizada em ambientes virtuais de aprendizagem e de ensino em sala de aula remota. Trata-se de uma estrutura simplificada para o desenvolvimento e a aprendizagem de sistemas de controle com uma metodologia baseada em experimentos práticos. A solução adota o modelo computacional de banco de dados, amplamente utilizado na indústria de tecnologia da informação, capaz de armazenar e gerenciar dados disponibilizando interfaces de acesso e manipulação de dados em uma arquitetura de rede.

O sistema completo é composto por uma planta física de um servomecanismo, utilizado na disciplina PTC3312 (Laboratório de Controle), da Escola Politécnica da Universidade de São Paulo, um circuito condicionador de sinais, uma interface com usuário para a parametrização dos controladores e o gerenciamento de dados em rede (IoTContol). O aprimoramento e a adaptação do IoTControl constituem as principais contribuições deste capítulo. Resultados experimentais foram utilizados para validar a aplicação remota desenvolvida, considerando duas estruturas para o controlador de posição da planta. Esse mesmo servomecanismo é considerado em Lerma *et al.* (2019), com uma interface desenvolvida em Arduino, e experimentos com controladores PI e PID são realizados para o controle de velocidade e de posição, respectivamente.

O restante do capítulo está organizado da seguinte forma: na Seção 5.2 é apresentado o servomecanismo, junto com a identificação dos parâmetros da planta, com o projeto dos controladores de posição e com detalhes do circuito de condicionamento de sinais. A Seção 5.3 é dedicada à apresentação do software IoTControl. Resultados experimentais são apresentados na Seção 5.4 e, por fim, a Seção 5.5 conclui o texto e indica potenciais desdobramentos.

5.2 O sistema de servomecanismo como experimento

No kit didático de servomecanismo utilizado para o estudo de caso, da empresa LJ Create, módulo 207-15 DC[1] – antigo módulo MS15, ilustrado na Figura 5.1 –, há um motor CC com um sensor de velocidade, do tipo tacogerador, acoplado ao mesmo eixo. Existem dois estágios de polias com correias, cada um com redução n igual a 1/3, que acopla o eixo do motor ao eixo do potenciômetro. Na configuração de controle de velocidade, utiliza-se o eixo do motor/tacogerador. Para o controle de posição, utiliza-se o eixo do potenciômetro, onde há também um disco com a posição graduada indicando a posição angular.

O diagrama linear simplificado do sistema é apresentado na Figura 5.2. A tensão de armadura é representada por V_M. As tensões nas saídas do tacogerador e do potenciômetro são, respectivamente, representadas por V_T e V_P. A velocidade no eixo do motor é dada por Ω_M, enquanto a velocidade e a posição no eixo do potenciômetro são dadas por Ω_P e Θ_P. Assume-se que a relação entre a tensão de armadura e a velocidade no eixo de motor seja um sistema de primeira ordem com ganho K e constante de tempo T. Os ganhos do tacogerador e do potenciômetro são dados por K_T, dado em V/(rad/s) e K_P, dado por V/rad.

[1]LJ Create. D.C. motor control module. Disponível em: https://https://ljcreate.com/engineering /d-c-motor-control-module. Acesso em: 10 nov. 2022.

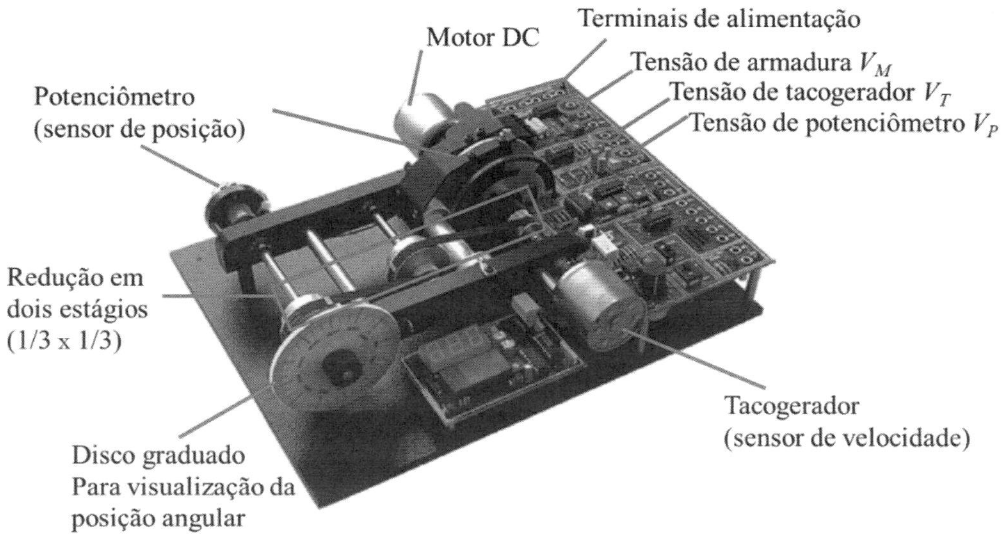

Figura 5.1 – Kit didático de servomecanismo utilizado como estudo de caso.

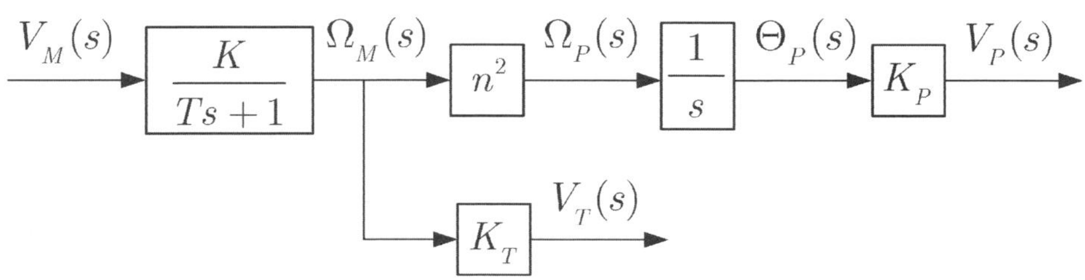

Figura 5.2 – Modelo esquemático do sistema dinâmico em malha aberta.

Nas Subseções 5.2.1 a 5.2.5 são detalhadas as fases de desenvolvimento da ferramenta com aplicação de controle no sistema servomecanismo experimental.

5.2.1 Identificação do modelo matemático do sistema

Com base nos dados informados pelo fabricante do kit didático, os valores dos ganhos estabelecidos dos sensores (potenciômetro e tacogerador) são K_P igual a 1,7 e K_T igual a 0,017. A ferramenta desenvolvida pelos autores permite a visualização gráfica através da página de interface, sendo o sinal de entrada representado como IN[2] (na cor preta), o sinal aplicado no motor indicado como VM (na cor verde), a tensão proporcional à velocidade angular do tacogerador como VT (cor vermelha) e a tensão proporcional à posição angular do potenciômetro como VP (cor azul), respectivamente. Utilizando a visualização gráfica, pode-se identificar o comportamento dinâmico do sistema em resposta a um sinal de teste do tipo degrau na entrada do sistema ($IN = V_M$). A curva de resposta é apresentada na Figura 5.3, em que foi possível identificar os seguintes parâmetros do modelo: KK_T = 2,3/2,5 = 0,92 e T = 0,3 s, que é a constante de tempo do sistema (tempo que o sinal atinge 63,3% do seu valor final). Dessa forma, o ganho estático K do sistema é igual a 54,12.

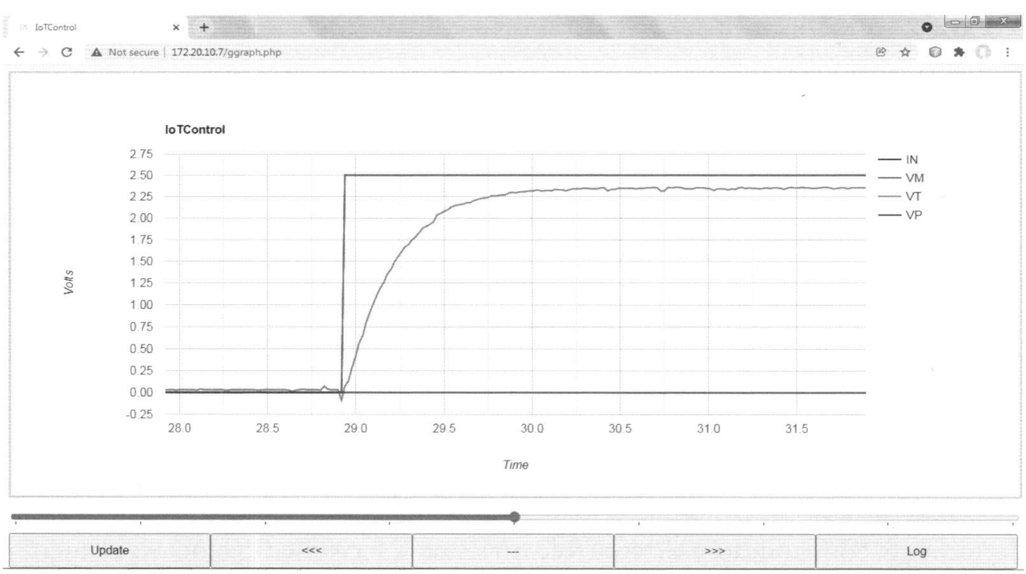

Figura 5.3 – Resposta ao sinal do tipo degrau para obtenção dos parâmetros do modelo matemático.

[2]Em malha aberta, IN corresponde a V_M e, em malha fechada, representa o sinal de referência para o controle de posição.

5.2.2 Projeto dos controladores

O modelo nominal para o sistema de posição do servomecanismo é dado por:

$$G_P(s) = \frac{V_P(s)}{V_M(s)} = \frac{Kn^2K_P}{s(Ts+1)} = \frac{10,222}{s(0,3s+1)} \tag{5.1}$$

Os requisitos de desempenho do controle de posição do sistema em malha fechada foram definidos a priori, sendo escolhidas duas especificações para os projetos: máximo sobressinal (M_p) igual a 1,0% e tempo de subida (T_r) $\leq$ 0,5 s. Com isso, a resposta do sistema dinâmico ao ser aplicado um sinal do tipo degrau na entrada é subamortecida, com frequência natural ω_n = 9,0247 rad/s e coeficiente de amortecimento ζ = 0,8261. Além disso, deseja-se que o erro estacionário seja nulo para a entrada tipo degrau.

5.2.3 Compensador por avanço de fase

Como o modelo nominal do sistema de posicionamento possui um integrador, teoricamente um compensador por avanço de fase pode garantir as especificações de desempenho, como será visto. O compensador por avanço de fase (Ogata, 2003) é tal que:

$$C_1(s) = K_C\frac{(s+a)}{(s+b)}, \text{ com } a < b \tag{5.2}$$

ou seja, o zero, localizado em $-a$, está mais próximo do eixo $j\omega$ (imaginário) no plano-s do que o polo, localizado em $-b$. Um simples projeto consiste em escolher a posição do zero para cancelar o polo estável da planta, tal que α = 1/0,3. Assim, em malha aberta:

$$C_1(s)G_P(s) = \frac{10,222K_Ca}{s(s+b)} \tag{5.3}$$

Em malha fechada, tem-se:

$$T_1(s) = \frac{C_1(s)G_P(s)}{1 + C_1(s)G_P(s)} = \frac{10,222K_Ca}{s^2 + bs + 10,222K_Ca} \tag{5.4}$$

Ao igualar (5.4) ao sistema de segunda ordem obtido pelas especificações de desempenho em malha fechada, ou seja, $\frac{\omega_n^2}{s^2+2\zeta\omega_n s+\omega_n^2}$, tem-se:

$$\begin{aligned} K_C &= \frac{\omega_n^2}{10,222a} = 2,3903 \\ b &= 2\zeta\omega_n = 14,9104 \end{aligned} \tag{5.5}$$

Portanto, o compensador de avanço de fase projetado é estabelecido por:

$$C_1(s) = \frac{2,3903(s+3,333)}{(s+14,9104)} \tag{5.6}$$

5.2.4 Compensador em cascata com realimentação de velocidade

Esse controlador consiste em uma malha interna de velocidade com um controlador proporcional-integral (PI) e uma malha externa de posição com um controlador proporcional, tal como apresentado na Figura 5.4. Com a inserção de um controlador com ação integral, perturbações na entrada da planta, que levam a erros em regime estacionário, tendem a ser compensadas.

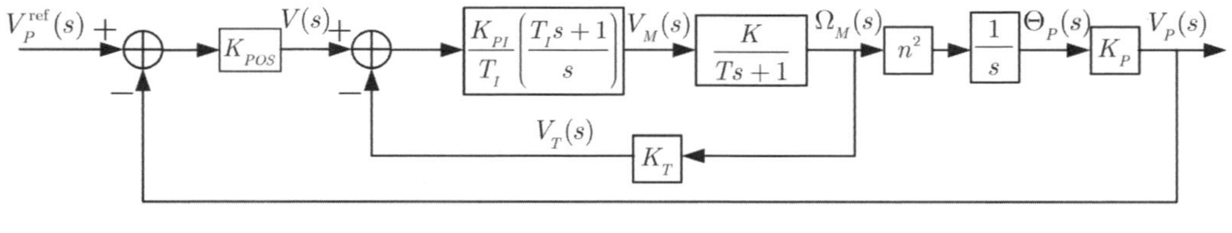

Figura 5.4 – Diagrama de blocos do controle de posição em cascata com realimentação de velocidade.

O controlador PI na malha interna possui ganho K_{PI} e tempo integrativo (*reset time*) T_I, ao passo que o controlador proporcional da malha interna possui ganho K_{POS}. Para fins de projeto, pode-se considerar o diagrama equivalente da Figura 5.5.

Ao escolher o tempo integrativo (T_I) da ação integral igual à constante de tempo da planta T, tem-se o seguinte equivalente para a malha fechada interna de velocidade:

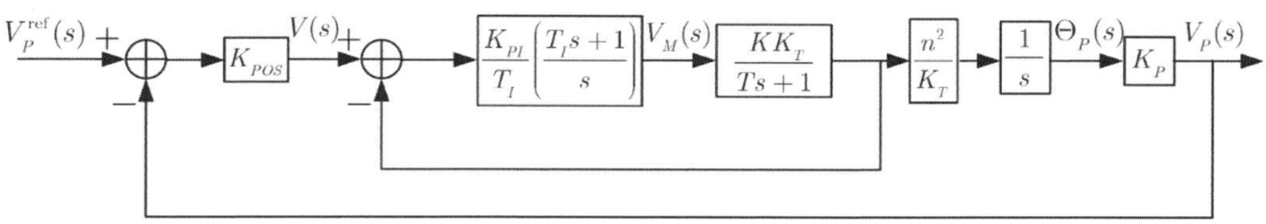

Figura 5.5 – Diagrama de blocos modificado do controle de posição em cascata com realimentação de velocidade.

$$T_2^{\text{in}}(s) = \frac{1}{(1/K')\, s + 1} \tag{5.7}$$

em que $K' = (K_{PI} K K_T)/T_I$. Com isso, a função de transferência em malha fechada do sistema com o controlador proposto é dada por:

$$T_2(s) = \frac{\left(\frac{K_{\text{POS}} n^2 K_P}{K_T}\right)\left(\frac{1}{s\left(s/K'+1\right)}\right)}{1 + \left(\frac{K_{\text{POS}} n^2 K_P}{K_T}\right)\left(\frac{1}{s\left(s/K'+1\right)}\right)} = \frac{\left(\frac{K' K_{\text{POS}} n^2 K_P}{K_T}\right)}{s^2 + K's + \left(\frac{K' K_{\text{POS}} n^2 K_P}{K_T}\right)} \tag{5.8}$$

Novamente, ao igualar a função de transferência (5.8) ao sistema de segunda ordem padrão obtido pelas especificações de desempenho em malha fechada, $\frac{\omega_n^2}{s^2+2\zeta\omega_n s+\omega_n^2}$, tem-se que:

$$\begin{aligned} K' &= 2\zeta\omega_n \\ \frac{K' K_{\text{POS}} n^2 K_P}{K_T} &= \omega_n^2 \end{aligned} \tag{5.9}$$

Realizando as devidas manipulações em 5.9, os valores dos ganhos são calculados:

$$\begin{aligned} K_{PI} &= \frac{2\zeta\omega_n T_I}{K K_T} = 4,8621 \\ K_{\text{POS}} &= \frac{\omega_n^2 K_T}{K' n^2 K_P} = 0,4916 \end{aligned} \tag{5.10}$$

Deve ser notado que, com ambos os controladores, os sistemas em malha fechada são matematicamente iguais, apesar de as estruturas dos controladores serem diferentes. Vale destacar o fato de que esse último controlador possui um integrador, ao passo que o compensador por avanço de fase não possui. O controlador por avanço de fase necessita apenas da medida de posição angular do potenciômetro, ao passo que o controle em cascata necessita adicionalmente da medida de velocidade angular do tacogerador.

5.2.5 Hardware

No sistema desenvolvido, os componentes básicos que compõem o sistema são: i) o dispositivo eletrônico computacional equipado com a interface para sinais elétricos de entrada e saída de dados, baseado na placa de desenvolvimento Raspberry Pi; ii) um roteador capaz de realizar a comunicação de dados em rede; iii) o servomecanismo (kit didático); iv) os circuitos de condicionamento para o acionamento do motor, com um conversor D/A MCP4725 e amplificadores operacionais NE5532, e circuitos de condicionamento dos sinais elétricos dos sensores, com amplificadores operacionais TL084 e um conversor A/D ADS1115. O diagrama está apresentado na Figura 5.6.

No diagrama da Figura 5.6, o meio de transmissão de dados com a rede é realizado por meio de um roteador com tecnologia sem fios, o que permite a conexão do dispositivo eletrônico computacional utilizando o protocolo TCP/IP. A interface de comunicação do hardware embarcado é realizada por meio serial de transmissão de dados e com o uso do protocolo I²C, que utiliza os terminais SCL e SDA. A Raspberry Pi é configurada como mestre, o conversor A/D (ADS1115) como escravo no endereço $0x48$, e o conversor D/A (MCP4725) como escravo no endereço $0x60$.

Na etapa de condicionamento de sinais de entrada, um circuito integrado TL084 com quatro amplificadores operacionais e resistores são configurados para ajustar os níveis de tensão elétrica dos sinais VT e VP (Figura 5.6) entre -5 V a

5 V. Esses sinais são convertidos em níveis de tensão elétrica entre 0 V e 5 V para realizar a conversão A/D no módulo ADS1115, nas entradas $A0$ e $A1$, escolhidas pelos autores, respectivamente. O condicionamento de sinal de saída possui um circuito integrado NE5532 com dois amplificadores operacionais e resistores para ajustar o nível do sinal OUT que é gerado pelo conversor A/D, com um nível de tensão elétrica entre 0 V e 5 V. O sinal é convertido em um nível de tensão elétrica entre -5 V e 5 V para controlar o servomecanismo por meio do sinal VM.

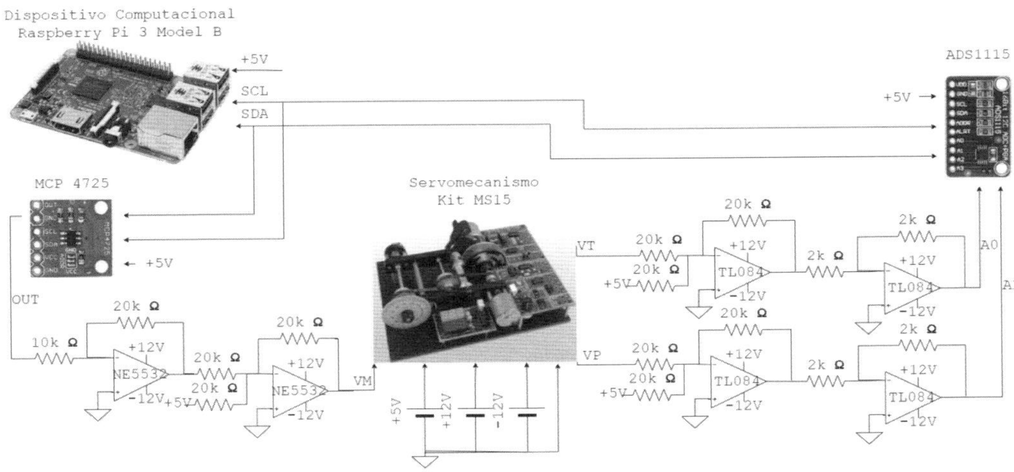

Figura 5.6 – Diagrama de hardware do sistema de controle.

5.3 Software do sistema de controle

Os programas computacionais que compõem a ferramenta funcional são: i) o sistema operacional; ii) o IoTControl (programa aplicativo AppControl e o programa de gerenciamento de rede NetControl); iii) e o banco de dados (FairCom DB). Os componentes do IoTControl (AppControl e NetControl) podem ser obtidos diretamente em um repositório público e de livre acesso. As interfaces de comunicação e gráfica, que permitem o acesso e a operação do sistema, estão no componente NetControl e podem ser alteradas ou adequadas de acordo com a necessidade dos usuários. O diagrama de componentes dos programas computacionais e da rede do sistema com a ferramenta IoTControl (Martins; Fernandes; Campo, 2020) está apresentado na Figura 5.7.

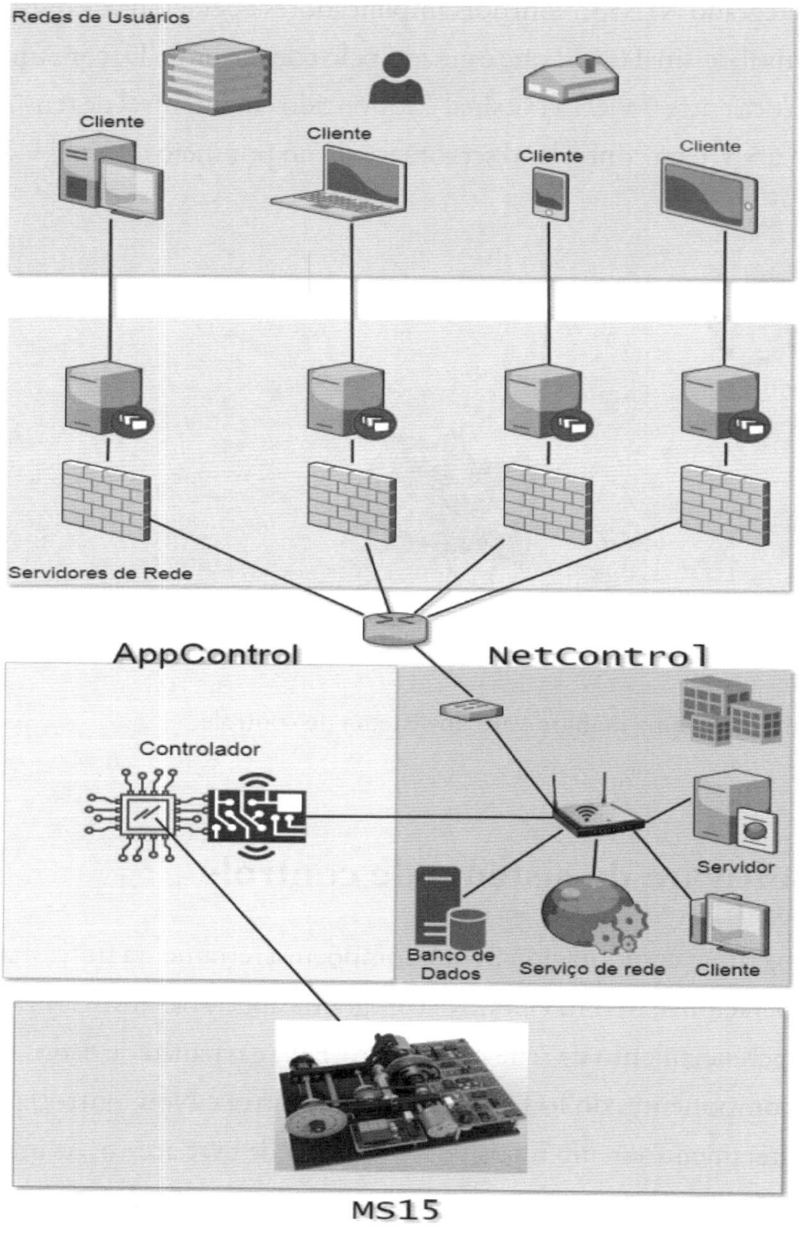

Figura 5.7 – Diagrama de componentes de software e rede do sistema.

Em um ambiente baseado em IoT, múltiplos dispositivos conectados disponibilizam o acesso aos seus dados, bem como permitem a troca de informação entre os dispositivos. Nesse contexto, a ferramenta permite a comunicação entre os dispositivos e o automatismo por meio de rotinas por comandos em linguagem SQL. Em um ambiente de ensino remoto, o automatismo permite ao professor, por exemplo, comandar todos os servomecanismos que estão conectados em rede no laboratório, bastando para isso executar uma rotina computacional. Como uma aplicação prática dessa funcionalidade, em um laboratório equipado com múltiplos servomecanismos dispostos em bancadas, pode-se, por exemplo, ajustar a posição inicial em ângulo zero de todos os servomecanismos ao mesmo tempo, preparando o ambiente para que os alunos possam iniciar os experimentos com os controladores projetados com a mesma condição inicial. Outro exemplo prático é definir o roteiro de um experimento, determinando automaticamente a mesma referência aplicada nas malhas de controle, as mesmas condições iniciais, de forma que se tenha uma comparação de desempenho dos controladores projetados pelos grupos. Com simples modificações no código, pode-se também inserir um sinal de perturbação no sistema.

Em termos gerais, o componente NetControl é um conjunto de programas escritos nas linguagens de programação HTML, PHP e JavaScript. Adicionalmente, a interface de acesso com o banco de dados é por meio do unixODBC, que permite que o banco de dados seja substituído por outro modelo e marca desde que seja compatível com o ODBC e o SQL. Já o componente AppControl, que é um conjunto de programas escritos em linguagem de programação Python, consiste em uma classe que define o controlador a ser utilizado. No experimento descrito neste capítulo, o compensador de avanço de fase e o controlador PI foram implementados.

Para fins de implementação, os controladores projetados foram discretizados utilizando uma frequência de amostragem $f_s = 50$ Hz que permite à ferramenta executar o ciclo de leituras dos conversores e as rotinas de armazenamento dos dados. No caso do avanço de fase, foi considerado o método de casamento polozero (Castrucci; Bittar; Sales, 2018), o que resultou na função de transferência discreta, estabelecida em:

$$C_1(z) = \frac{K_{\text{CD}}(z-\alpha)}{(z-\beta)} \tag{5.11}$$

em que $\alpha = e^{-aTs}$, $\beta = e^{-bTs}$, $K_{CD} = K_C(1-\beta)/(1-\alpha)$, sendo $Ts = 1/f_s$. O trecho do código fonte da classe AppControl.py que define o algoritmo do compensador de avanço de fase é:

$\#u[n] = beta \times [n-1] + K_{CD} \times (e[n] - alpha \times e[n-1]);$

self.calc[1] = self.calc[0];

self.calc[0]= self.beta $\times self.calc[1] + self.K_{CD} \times (self.error[0] - self.alpha \times self.error[1])$

Por outro lado, para o controlador PI que compreende a malha interna do controle de posição em cascata, utilizou-se o método de Tustin para a discretização do termo integral (Castrucci; Bittar; Sales, 2018), resultando na função de transferência discreta:

$$C_2(z) = K_{\text{PI}}\left(1 + \frac{\text{Ts}(z+1)}{2T_I(z-1)}\right) \tag{5.12}$$

Optou-se pela implementação na forma incremental do PI discreto. O trecho do código fonte da classe AppControl.py que define o algoritmo do controlador proporcional integral é:

#uP = K_PI $\times (e[n] - e[n-1]);$

uI=(K_PI $\times T\_s/(2 * T\_I)) \times (e[n] + e[n-1]);$

#u[n] = u[n-1] + uP + uI;

self.u_I[1] = self.u_I[0];

self.u_I[0] = ((self.Kp $\times self.Ts)/(2.0 \times self.Ti)) * (self.error[0] + self.error[1])$

self.calc[1] = self.calc[0]

self.calc[0] = self.calc[1] + self.Kp $\times(self.error[0] - self.error[1]) + (self.u\_I[0])$

A classe AppControl é instanciada em um programa aplicativo que é escrito na linguagem de programação Python. Neste experimento, o programa $IoT_AV_i2c.py$ executa a aplicação do compensador de avanço de fase, e o programa $IoT_CASCADE_i2c.py$ executa a aplicação do controle em cascata. Os dados gerados nas iterações do programa são armazenados no banco de dados capaz de processar comandos e instruções em linguagem SQL.[3]

Especificamente no componente NetControl, é possível realizar customizações que eventualmente podem ser desejadas, por exemplo, a customização de telas de interface gráfica. Essas telas são páginas navegáveis de um *website* gerenciado em NetConttrol e que é disponibilizado em um ambiente de rede baseado no protocolo http, bem como permite acesso aos dados por meio do protocolo TCP/IP. O conceito empregado permite que tanto o banco de dados quanto o servidor de rede, onde as páginas estão hospedadas, podem ser instalados em qualquer ponto com endereço TCP/IP acessível na rede. Neste capítulo, os autores se limitaram a descrever a ferramenta que está disponível como código aberto e com foco na utilização da solução em um ambiente de aula remota. Porém, a solução pode ser empregada em múltiplos laboratórios com diferentes aplicações de controle, sendo uma solução baseada em IoT.

Os programas aplicativos são iniciados por meio do comando no componente NetControl, que consiste em rotinas de comando remoto e interface de dados em linguagem SQL. Esses são executados no dispositivo computacional (Raspberry Pi), permitindo a interação com os dados por meio do protocolo de comunicação TCP/IP, ou pela interface gráfica de *website* por paginação que está codificada em linguagem HTML, PHP e JavaScript, e que aciona a rotina de inicialização do programa aplicativo no componente AppControl.

---

[3] Os programas são disponibilizados no repositório deste livro no site da Editora Blucher, junto com a ferramenta desenvolvida.

Utilizando um banco de dados, a ferramenta permite executar um automatismo por meio de rotinas e comandos em linguagem SQL. Dessa forma é possível executar o roteiro automaizado para o experimento, conforme apresentado na Seção 5.4.

Adicionalmente, a interface gráfica permite a interação visual por meio de páginas que podem ser acessadas por meio de um navegador de internet com seu fluxograma representado na Figura 5.8.

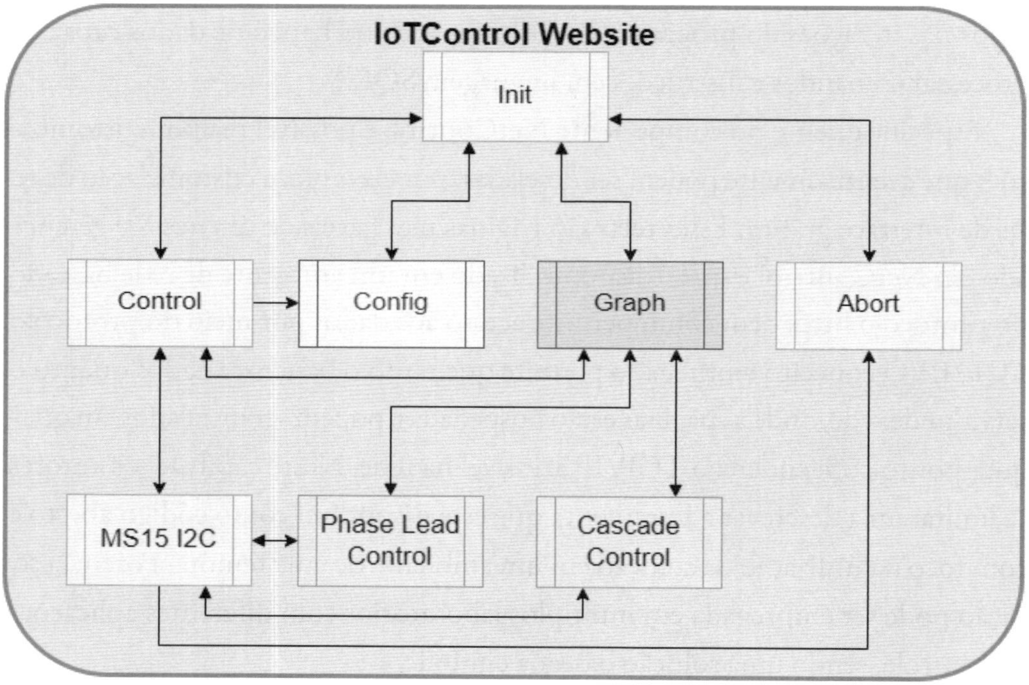

Figura 5.8 – Fluxograma de paginação IoTControl.

A página inicial de interface do componente NetControl é apresentada na Figura 5.9, que possui quatro botões, sendo: *"Control"*, utilizado para selecionar o sistema de controle; *"Config"*, para configurar a ferramenta; *"Graph"*, para visualização gráfica dos resultados; e *"Abort"*, para suspender a execução.

Depois de pressionado o botão *"Control"*, a página de seleção da planta será apresentada, conforme ilustrado na Figura 5.10, com duas opções: *"MS15 I2C"* e *"Encoder & PWM Control"*. A opção *"MS15 I2C"* é a utilizada neste experimento e a *"Encoder & PWM Control"* corresponde a um teste inicial realizado com um simples motor CC, com acionamento PWM e *encoder* para medir a posição angular. Adicionalmente, há os botões *"Config"* e *"Graph"* da janela anterior.

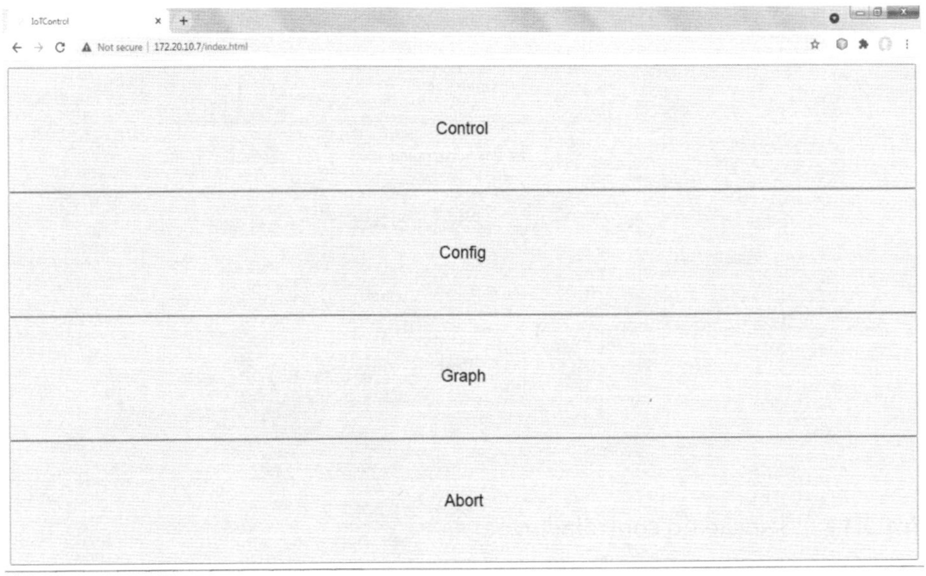

Figura 5.9 – Página inicial de interface do componente NetControl.

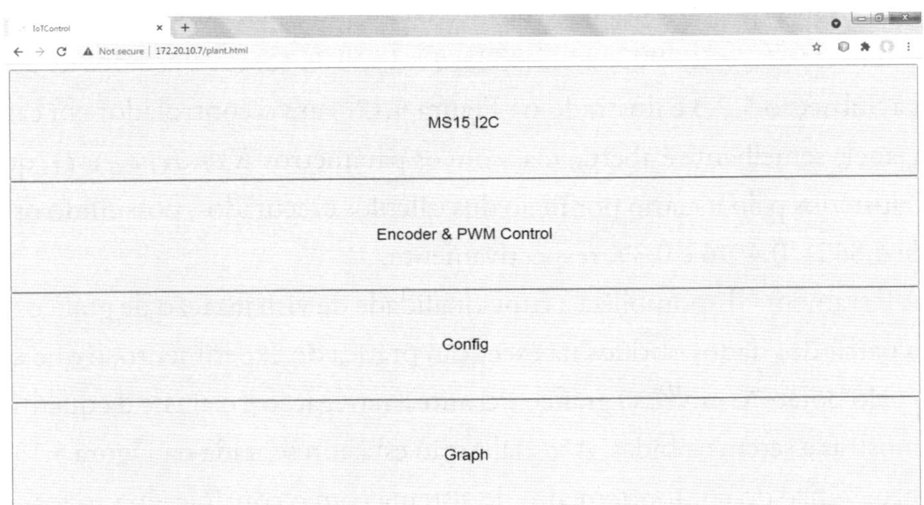

Figura 5.10 – Seleção da planta.

Ao pressionar o botão *"MS15 I2C"*, a página de seleção de controladores é apresentada, conforme a Figura 5.11. As opções *"Abort"* e *"Init"* são disponibilizadas, respectivamente, para abortar o experimento e retornar para a página inicial.

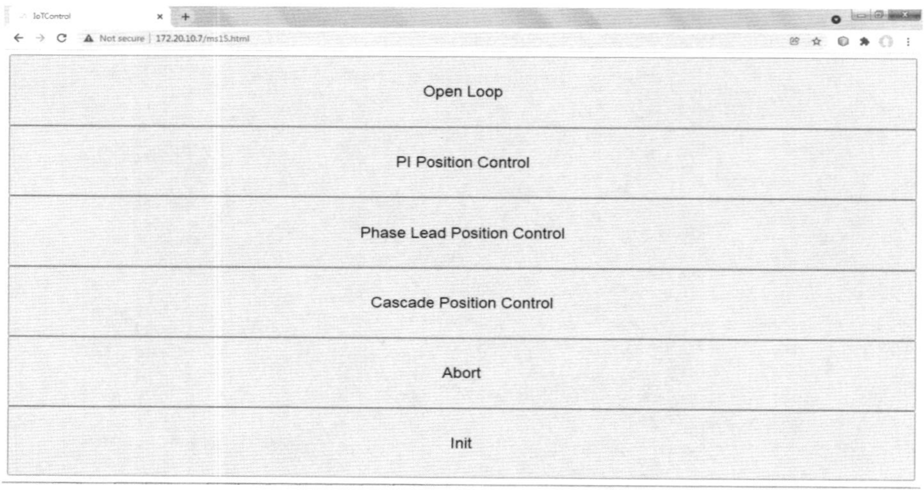

Figura 5.11 – Seleção do controlador.

O compensador de avanço de fase *"Phase Lead Position Control"* e o controlador em cascata *"Cascade Position Control"* foram considerados para ilustrar um exemplo neste capítulo. Na página de interface do compensador de avanço de fase, os parâmetros $K_c = 2{,}3903$, $a = 3{,}333$ e $b = 14{,}9104$ foram ajustados de acordo com a Subseção 5.2.3 e ilustrado na Figura 5.12. Para o controlador em cascata, uma janela semelhante é aberta, mas com os parâmetros K_{PI}, K_{POS} e T_I, que foram ajustados pelo usuário por meio dos cálculos executados, possuindo os valores de 4,8621, 0,4916 e 0,3 s, respectivamente.

A ferramenta disponibiliza a funcionalidade de visualização de gráficos gerados a partir dos dados obtidos na execução prática do experimento, o que é acessado pelo botão *"Graph"*. O gráfico permite a navegação e o ajuste da quantidade de amostras a serem exibidas. A visualização está apresentada na Figura 5.13 com registro gráfico do comportamento do sistema com o controle em cascata.

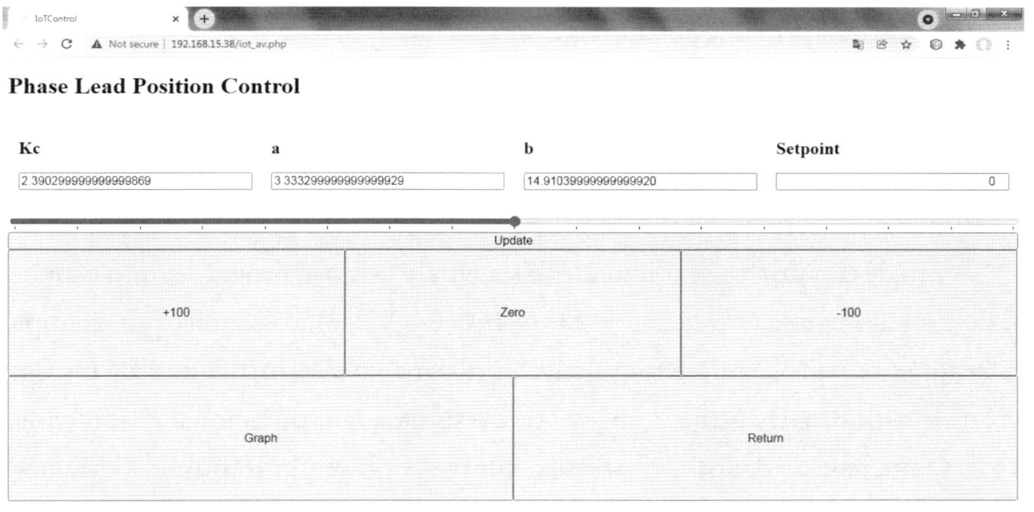

Figura 5.12 – Página de interface do compensador de avanço de fase.

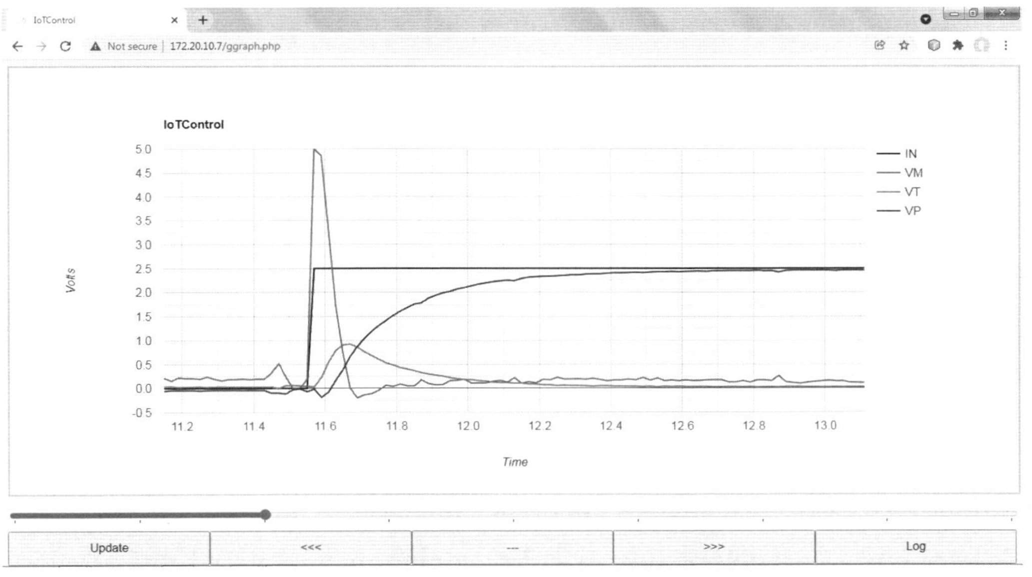

Figura 5.13 – Página de interface gráfica do comportamento do sistema com o controle em cascata escolhido pelo usuário.

Os botões apresentados na Figura 5.13 são: *“Update”*, “<<<", “– – –”, “>>>” e *“Log”*, que significam atualizar, mover para esquerda, mover ao início, mover para direita e adquirir os dados, respectivamente. A ferramenta permite ao usuário adquirir os registros gerados no experimento através de um arquivo de formato (.csv) que pode ser armazenado ao pressionar o botão *“Log”*.

A fim de garantir a acessibilidade ao sistema, é possível programar um túnel de rede virtual privada (*Virtual Private Network* – VPN) utilizando, por exemplo, a ferramenta Ngrok[4] ou, se for possível, utilizar a infraestrutura de rede disponível na instituição de ensino. Uma vez que o sistema computacional estiver conectado a uma rede de dados com acesso à internet e obter um IP público, é possível realizar o acesso a partir de qualquer ponto conectado à rede internet. Há pontos de segurança e vulnerabilidade do sistema que devem ser discutidos com os departamentos responsáveis pela infraestrutura de rede. Em práticas modernas podem ser consideradas diversas ferramentas que visam atender aos requisitos de segurança (Shafique, 2020), porém essa temática não é abordada neste capítulo.

Com o sistema desenvolvido e com a disponibilização do acesso à rede de dados, os professores e alunos poderão executar os experimentos propostos bem como criar experimentos próprios.

5.4 Experimento

O objetivo didático deste experimento, executado no Laboratório de Controle Aplicado (LCA) da Universidade de São Paulo, é proporcionar uma experiência prática em sistemas de controle, permitindo ao aluno realizar procedimentos com o sistema, verificando na prática os resultados obtidos. O experimento proposto consiste, inicialmente, em obter a modelagem linear do sistema a partir da resposta ao sinal do tipo degrau, com o conhecimento inicial sobre os valores dos ganhos do potenciômetro e do tacogerador. Em seguida, os controladores propostos são projetados e os experimentos são realizados de forma 100% remota.

---

[4]Ngrok. Disponível em: https://ngrok.com/.

O experimento inicia-se com o projeto do controlador por avanço de fase. Com o ajuste dos parâmetros do compensador e o servomecanismo na posição 0 V, a rotina automatizada comanda a posição inicial desejada em 0 V e, após 1 s, inicia o comando da posição proporcionalmente a 2,5 V. Após 2 s, a posição desejada é alterada entre a posição inicial e -2,5 V, encerrando o ciclo na posição inicial conforme apresentado no gráfico indicado na Figura 5.14.

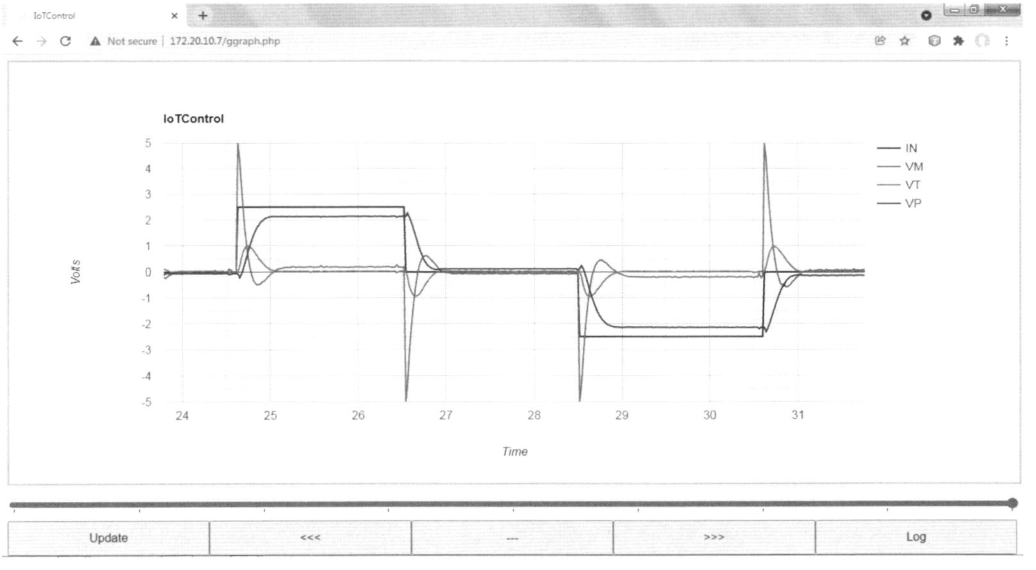

Figura 5.14 – Resultado do projeto do controlador por avanço de fase.

Os dados armazenados durante a execução do experimento podem ser descarregados, pressionando o botão *"Log"* disponível na página de interface gráfica. Na Figura 5.14 é apresentado o resultado gráfico em experimento com o controle de posição utilizando o compensador por avanço de fase, projetado por (5.4), com os parâmetros: $K_c = 2,3903$, $a = 3,333$ e $b = 14,9104$.

Nota-se que há erro estacionário em regime, que é característico desse tipo de compensador, uma vez que não há uma ação integral (um polo em zero). Teoricamente, como o sistema dinâmico possui um integrador, uma ação integral no controlador não seria necessária. No entanto, efeitos como a zona morta não são compensados pelo integrador inerente à planta.

A Figura 5.15 apresenta um resultado gráfico da resposta do controle de posição utilizando o compensador em cascata com a realimentação de velocidade com os parâmetros: $K_{PI} = 4{,}8621$, $T_I = 0{,}3$ s e $K_{POS} = 0{,}4916$.

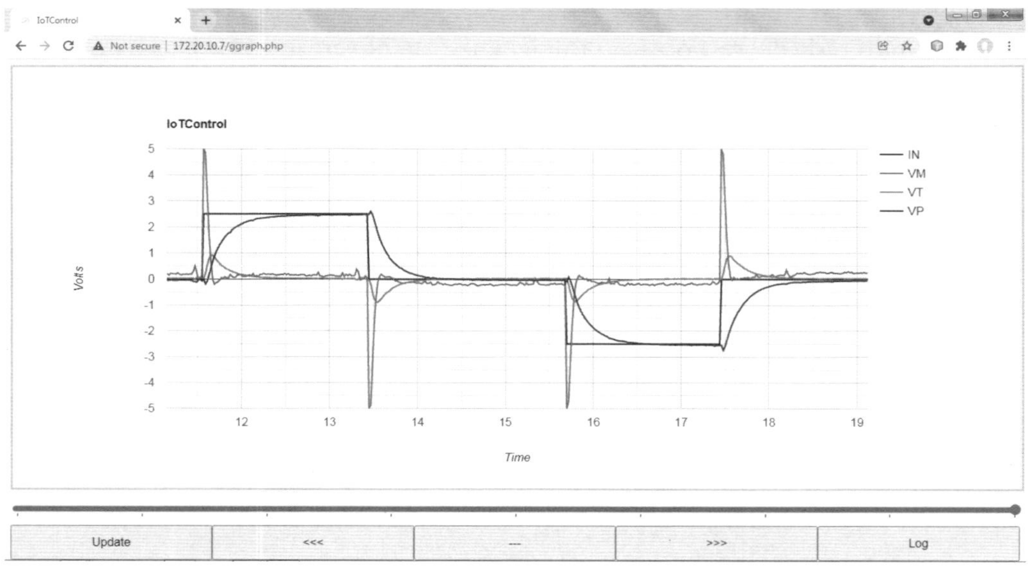

Figura 5.15 – Resultado do projeto do compensador em cascata com a realimentação de velocidade.

Deve ser observado que o erro estacionário em regime é praticamente nulo, evidenciando a superioridade no desempenho da estrutura em cascata, que possui uma ação integral, quando comparada ao controlador por avanço de fase.

5.5 Conclusões

O experimento demonstrou que utilizando a ferramenta desenvolvida, IoT-Control, é possível desenvolver um sistema de controle capaz de proporcionar uma experiência prática na área de sistemas de controle em uma planta didática, mesmo que de forma não presencial. Foi possível identificar um modelo linear do sistema dinâmico a partir da resposta ao degrau, além de projetar dois controladores de posição distintos e analisar o comportamento dinâmico do sistema controlado por meio do acesso aos dados adquiridos durante os procedimentos.

Os dois controladores de posição considerados resultam, matematicamente, na mesma função de transferência em malha fechada. No entanto, em relação ao erro em regime estacionário, a estrutura de controle em cascata apresenta um desempenho prático superior ao controlador por avanço de fase, pois possui uma ação integral na malha interna. Tal diferença é explicada pelo fato que o sistema real pode apresentar perturbações e dinâmicas não modeladas, como zona morta e folga de engrenagem, o que tem um caráter didático prático importante.

Adicionalmente, a ferramenta desenvolvida permite que o usuário avance os estudos por meio de testes que possibilitam o ajuste remoto dos parâmetros dos controladores projetados. Outra abordagem possível é a prática de implementações próprias por meio dessa ferramenta de código aberto, como a programação direta das equações de diferenças dos controladores, permitindo que os alunos possam aprofundar os estudos em Sistemas de Controle Contínuo e em Controle Digital.

A ferramenta pode ser aplicada em laboratório com múltiplas plantas e as configurações dos controladores podem ser ajustadas em diferentes estruturas, conforme apresentado. O sistema controlado pela ferramenta pode ser visualizado por estudantes presentes no local onde se encontra o experimento, mas também pode ser acessado remotamente. Entre outras possibilidades, pode-se disponibilizar uma videochamada por conferência ou disponibilizar o acesso por uma câmera IP, que pode ser instalada no local da montagem para que os usuários remotos possam acompanhar, visualmente, a execução do procedimento experimental. Novas possibilidades de ensino podem ser criadas com a utilização da ferramenta, sendo possível escalar essa solução com a integração de múltiplos dispositivos em rede e integrando múltiplos laboratórios em uma arquitetura de laboratório remoto baseada em IoT.

Considerando a intensa evolução tecnológica proporcionada por códigos abertos e inovação livre, poderão ser incluídos na ferramenta novos desenvolvimentos como: (i) a criação de um laboratório de controle 100% remoto com a ferramenta desenvolvida e com a instalação de câmeras IP, de modo que os usuários tenham acesso às imagens do experimento; (ii) a criação de outras estruturas de controle como opções da ferramenta, considerando diferentes técnicas de controle, tanto de posição como de velocidade para o servomecanismo; (iii) o desenvolvimento de uma interface de programação por diagrama de blocos em código aberto e integrada com a ferramenta IoTControl.

Referências

BAZANELLA, A. S.; SILVA JUNIOR, J. M. G. **Sistemas de controle**: princípios e métodos de projeto. Porto Alegre: Editora UFRGS, 2005.

BEAVER, L. E.; MALIKOPOULOS, A. A. An overview on optimal flocking. **Annual Reviews in Control**, v. 51, p. 88-99, 2021. DOI: https://doi.org/10.1016/j.arcontrol.2021.03.004.

CASTRUCCI, P. L.; BITTAR, A.; SALES, R. M. **Controle automático**. 2. ed. Rio de Janeiro: LTC, 2018.

DORF, R. C.; BISHOP, R. H. **Sistemas de controle modernos**. 13. ed. Rio de Janeiro: LTC, 2018.

FRANKLIN, G. F.; POWELL, J. D.; EMAMI-NAEINI, A. **Sistemas de controle para Engenharia**. 6. ed. Porto Alegre: Bookman, 2013.

LEISENBERG, M.; STEPPONAT, M. Internet of Things remote labs: experiences with data analysis experiments for students education. *In*: IEEE GLOBAL ENGINEERING EDUCATION CONFERENCE (EDUCON), 2019, Dubai. **Proceedings** [...]. Dubai: IEEE, 2019. p. 22-27. DOI: https://doi.org/10.1109/EDUCON.2019.8725070.

LERMA, E.; COSTA-CASTELLÓ, R.; GRIÑÓ, R.; SANCHIS, C. Duino-Based Learning (DBL) in Control Engineering Courses. *In*: IEEE INTERNATIONAL CONFERENCE ON EMERGING TECHNOLOGIES AND FACTORY AUTOMATION (ETFA), 2019, Zaragoza, Spain. **Proceedings** [...]. Zaragoza, Spain: IEEE, 2019. p. 798-803. DOI: https://doi.org/10.1109/ETFA.2019.8869451.

MARTINS, D. O.; FERNANDES, A.; CAMPO, A. B. Tool for control systems development based on IoT (IoTControl). *In*: CONGRESSO BRASILEIRO DE AUTOMÁTICA (CBA 2020), 23., 2020, Porto Alegre (on-line). **Anais** [...]. Porto Alegre: SBA, 2020. Disponível em: https://www.sba.org.br/open_journal_systems/index.php/cba/article/view/1366. Acesso em: 15 mar. 2022.

OGATA, K. **Engenharia de controle moderno**. 4. ed. São Paulo: Prentice-Hall, 2003.

RAMPRASAD, B.; FOKAEFS, M.; MUKHERJEE, J.; LITOIU, M. Emu-IoT: a virtual Internet of Things lab. *In*: IEEE INTERNATIONAL CONFERENCE ON AUTONOMIC COMPUTING (ICAC), 2019, Umea. **Proceedings** [...]. IEEE: Umea, 2019. p. 73-83. DOI: https://doi.org/10.1109/ICAC.2019.00019.

SHAFIQUE, K.; KHAWAJA, B. A.; SABIR, F.; QAZI, S.; MUSTAQIM, M. Internet of Things (IoT) for next-generation smart systems: a review of current challenges, future trends and prospects for emerging 5G-IoT scenarios. **IEEE Access**, v. 8, p. 23022-23040, 2020. DOI: https://doi.org/10.1109/ACCESS.2020.2970118.

WANG, Z.; GOMBOLAY, M. Learning scheduling policies for multi-robot coordination with graph attention networks. **IEEE Robotics and Automation Letters**, v. 5, n. 3, p. 4509-4516, 2020. DOI: https://doi.org/10.1109/LRA.2020.3002198.

WILSON, S.; GLOTFELTER, P.; WANG, L.; MAYYA, S.; NOTOMISTA, G.; MOTE, M.; EGERSTEDT, M. The Robotarium: globally impactful opportunities, challenges, and lessons learned in remote-access. **IEEE Control Systems Magazine**, v. 40, n. 1, p. 26-44, 2020. DOI: https://doi.org/10.1109/MCS.2019.2949973.

ZHANG, R.; GAO, L. Research on motor control and simulation based on PID and Internet of Things system. **Microprocessors and Microsystems**, v. 80, p. 103602, 2021. DOI: https://doi.org/10.1016/j.micpro.2020.103602.

Capítulo 6

Desenvolvimento de uma infraestrutura de Engenharia para educação em controle de processos químicos na UFCG

George Acioli Júnior
Heleno Bispo da Silva Júnior
Anna Paula Virgolino de Andrade Aguiar
Péricles Rezende Barros
Antônio Tavernard Pereira Neto

6.1 Introdução

A tecnologia tem se apresentado como o meio para geração de valor aos mais diversos produtos, tornando-se chave para a competitividade estratégica e para o desenvolvimento social e econômico de uma região. A inovação tecnológica e a Indústria 4.0, como mecanismo de aumento da competitividade e produtividade, têm exigido novas competências e habilidades multidisciplinares do profissional de Engenharia.

A rápida difusão da tecnologia digital, nas últimas décadas do século XX, fez com que os estudantes mudassem radicalmente seus comportamentos. Assim, a metodologia passiva de ensino-aprendizagem tradicional, na qual os professores definem o que e como os alunos devem aprender, não é mais aceita. Consequentemente, nos casos em que essa metodologia persiste, o desenvolvimento de habilidades e entusiasmo pelo curso se tornam deficientes, gerando altas taxas de reprovação e evasão (Bacich; Moran, 2018; Gorges; Ales; Moraes, 2020). Uma metodologia de ensino-aprendizagem moderna (ativa) leva em consideração os conhecimentos prévios dos estudantes e acompanha as mudanças na sociedade. Nesse sentido, o desenvolvimento e aprimoramento dos ambientes de aprendizagem têm sido uma necessidade constante. Um ambiente de aprendizagem ativa, por exemplo, a sala de aula invertida (Bergmann; Sams, 2016), deve promover situações que levem os estudantes, foco principal do processo, a produzirem significados para os conceitos em construção.

A orientação do IChemE (Institution of Chemical Engineers) é que a metodologia de ensino se concentre nos resultados de aprendizagem com base na abordagem, deixando de ser orientada para o conteúdo, resultando na quebra de paradigma em nível mundial no ensino de Engenharia (Fletcher; Harrington, 2018). No Brasil, essa mudança de paradigma está ocorrendo de acordo com as novas Diretrizes Curriculares Nacionais do curso de graduação das Engenharias (Brasil, 2019).

Nos cursos de Engenharias, a aprendizagem ativa é facilmente aplicada em disciplinas de laboratório (Gómez-Tejedor *et al.*, 2020). A execução de atividades práticas de laboratório torna a aprendizagem dos conceitos teóricos mais atrativa para os estudantes, sobretudo quando essas atividades representam situações da prática profissional do engenheiro (Chevalier *et al.*, 2017; 2021; Losada-Gutiérrez *et al.*, 2020). Contudo, contextos práticos de aplicação nem sempre são alcançadas devido às limitações da infraestrutura dos laboratórios, o que pode dificultar o desenvolvimento pleno da competência esperada.

Uma dificuldade é a impossibilidade de acesso a plantas pilotos. Como forma de tentar contornar tais limitações, na disciplina de controle do curso de Engenharia Elétrica da Universidade Federal de Campina Grande (UFCG), módulos didáticos de baixo custo baseados em placas Arduino Uno são utilizados. Já no curso de Engenharia Química da UFCG, a prática é realizada por meio de simulações computacionais em condições equivalentes às encontradas em plantas reais. Os softwares de simulação dinâmica disponíveis funcionam bem para processos complexos como sistemas multivariáveis, não lineares e instáveis, devido à capacidade de representatividade e previsibilidade disponíveis nos pacotes de cálculos nos simuladores comerciais.

O desenvolvimento de um ambiente computacional integrado para práticas laboratoriais remotas em áreas complementares, como a Engenharia de Controle e a Engenharia Química no contexto de controle de processos, favorece a busca por uma formação mais completa, atendendo a necessidade do mercado para o profissional 4.0. Assim é imprescindível que sejam oferecidos cursos de graduação com alta qualidade, que desafiem os alunos ao seu pleno potencial, preparando-os para ingressar no mercado de trabalho (Fletcher; Harrington, 2018). Deve-se salientar que tal estrutura apresenta-se como um ambiente de treinamento operacional (*Operational Training System* – OTS), onde habilidades e situações específicas podem ser exploradas para uma capacitação completa dos usuários do ambiente.

Neste capítulo, é apresentada a infraestrutura do ambiente computacional inicialmente implementada no curso de Engenharia Química da UFCG no escopo de modelagem e simulação de processos, que simula uma infraestrutura de IIoT (*Industrial Internet of Things*). Esse ambiente é composto por um simulador de processo (AVEVA Dynamic Simulation), um servidor OPC UA (Matrikon) e um sistema de controle (MATLAB©). O sistema é montado de maneira que o ambiente do aluno seja uma interface simples que permita focar a atenção nos fenômenos associados ao realizar a atividade prática. Essa infraestrutura está sendo replicada para uso no laboratório de controle do curso de Engenharia Elétrica da UFCG. Os conteúdos do laboratório de controle e uma proposta de roteiro educacional aplicados nessa disciplina são apresentados.

O restante do capítulo está organizado da seguinte maneira. Na Seção 6.2, a revisão bibliográfica sobre sala de aula invertida é apresentada. A infraestrutura de engenharia é apresentada na Seção 6.3. A descrição dos processos, vaso *flash* e coluna de separação é apresentada na Seção 6.4. Na Seção 6.5, o projeto de controle aplicado ao processo é descrito. Na Seção 6.6, é apresentada a proposta do roteiro educacional para o laboratório de controle de digital. As considerações finais são apresentadas na Seção 6.7.

6.2 Revisão bibliográfica

Uma das estratégias da aprendizagem ativa é a sala de aula invertida. Nessa abordagem os conteúdos são estudados antes da aula presencial. Dessa forma, a sala de aula passa a ser o lugar de discussões, do desenvolvimento de projetos e resolução de problemas (Bacich; Moran, 2018). O formato invertido, testado em diferentes programas de Engenharia, tem resultado em melhor desempenho dos alunos e está ganhando popularidade (Li; Huang, 2017).

A sala de aula invertida é dividida em três etapas: pré-aula, aula e pós-aula (Elmôr Filho *et al.*, 2019). Na pré-aula, o aluno deve trabalhar em casa com materiais como vídeos, áudios e textos enviados pelo professor ou pesquisados na internet. Atividades individuais ou em grupo de resolução de problema com auxílio do professor são executadas na aula (Li; Huang, 2017), onde também são elucidadas as dúvidas. No pós-aula, atividades de aprofundamento e preparação para a aula seguinte são realizadas.

Nos cursos de Engenharia, a sala de aula invertida pode ser aplicada nos laboratórios, nos quais são desenvolvidas habilidades como trabalho em grupo, formulação e solução de problemas e interpretação de dados. Devido à etapa de pré-aula, a aula presencial passa a ser dedicada a esclarecimentos e aplicação prática dos conhecimentos adquiridos (Gómez-Tejedor *et al.*, 2020), tornando-se mais dinâmica e interessante para os alunos.

A aplicação da sala de aula invertida em disciplinas e universidades tem resultado na melhoria do desempenho dos alunos dos cursos de Engenharia. Gross e Musselman (2017) mostram a melhoria da capacidade de resolução de problemas dos alunos quando essa metodologia é aplicada na disciplina de projeto estrutural na Universidade Villanova. Na mesma universidade, mas no curso de Engenharia Química, o ensino de MATLAB© é abordado em Li e Huang (2017).

No laboratório de controle digital do curso de Engenharia Elétrica da UFCG, os alunos estudam as teorias relacionadas a projetos do controlador proporcional-integral-derivativo (PID) antes da aula. A aplicação das teorias é realizada durante a aula, utilizando o módulo didático de temperatura apresentado em Lima, Barros e Acioli Junior (2018). Além de ser utilizado na prática presencial, o acesso remoto via web a esses módulos foi disponibilizado aos alunos (Freire *et al.*, 2020; 2021; Ramos *et al.*, 2019).

A sala de aula invertida também foi aplicada nas disciplinas de sistemas digitais do curso de Engenharia de Telecomunicações da Escola Técnica de Cuenca, Universidad de Castilla (Alcaraz *et al.*, 2019) e no laboratório de física e eletricidade do curso de Eletrônica Industrial e Automatizada da Universidade Politécnica de Valência (Gómez-Tejedor *et al.*, 2020).

Na Purdue University, as disciplinas das áreas de medição, modelagem e controle automático foram reestruturadas, para implementar a abordagem de sala de aula invertida (Toner; King, 2016). Dessa forma, as atividades usando o LabVIEW© e o myRIO© foram inseridas no laboratório. As aulas têm sofrido mudanças contínuas com base no feedback de alunos, monitores e professores.

Em Soares, Oliveira e Leão (2020), a sala de aula invertida foi aplicada no curso de automação, no qual cerca de cem alunos foram submetidos às mudanças. Na pré-aula, os alunos receberam vídeos sobre a teoria do GRAFCET. Durante a aula, problemas foram resolvidos pelos alunos de forma colaborativa, enquanto o professor orientava o processo de aprendizagem. Ao final, uma avaliação positiva da nova metodologia, por meio de questionários respondidos pelos alunos, comprovou a eficácia da nova estratégia de ensino.

Existem várias estratégias para aplicação da sala de aula invertida; entre elas está a *Just-in-Time Teaching* (JiTT) (Novak, 2011), também conhecida como ensino sob medida. No JiTT os alunos são incentivados a estudar o conteúdo antes da aula. Além disso, um pequeno questionário é utilizado para que o professor verifique quais os pontos de maior dificuldade. Em Llanos *et al.* (2021), questionários Kahoot! foram utilizados. Perguntas sobre a segurança do laboratório, conceitos teóricos e procedimentos das atividades laboratoriais são respondidas pelos alunos. Em seguida, os professores explicam os conceitos não adquiridos ou questões relativas a procedimentos ou normas de laboratório antes do início das atividades práticas.

6.3 Descrição da estrutura

A infraestrutura de IIoT utilizada e a pirâmide de automação são ilustradas na Figura 6.1. O nível 0 da pirâmide representa a aquisição de dados (sensores, atuadores) e corresponde à unidade de processo da infraestrutura. O controle automático do processo, nível 1, é realizado pelo sistema digital de controle distribuído. No nível 2, a supervisão do processo, ou seja, a interface homem-máquina, é configurada. Os níveis 3 e 4 dizem respeito à programação e planejamento da produção (MES) e ao planejamento estratégico e gerenciamento corporativo (ERP), respectivamente. Esses dois últimos níveis não são tratados na infraestrutura atualmente desenvolvida.

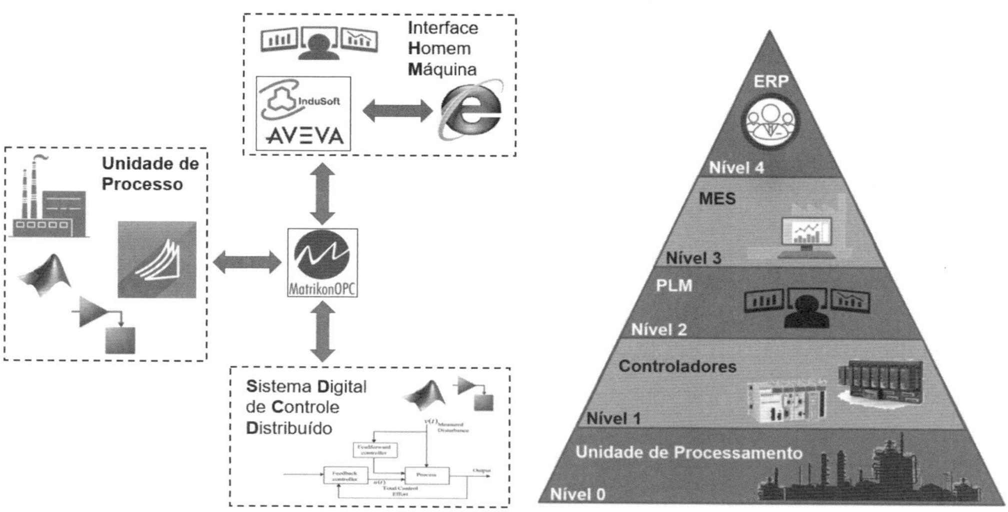

Figura 6.1 – Diagrama de blocos da infraestrutura interconectada.

O simulador utilizado para essa finalidade é o AVEVA Dynamic Simulation, que conta com as funcionalidades necessárias, como: base termodinâmica rigorosa, equipamentos (blocos) de fácil configuração, infraestrutura de controle e sistema de comunicação compatível com o protocolo de comunicação OPC.

A comunicação entre o simulador dinâmico do processo e o controlador é realizada pelo protocolo de comunicação OPC-DA (*Open Platform Communications – Data Access*). O OPC é um padrão, utilizado para troca de dados de automação industrial, de maneira contínua (em tempo real), segura e confiável, bastante utilizado na indústria (Srinivasan; Kumar; Vain, 2013). Esse padrão define um conjunto padrão de objetos, interfaces e métodos para facilitar a interoperabilidade entre componentes de software.

Quanto ao sistema de controle, esse é implementado no MATLAB©. O controlador PID é implementado usando o bloco configurado no MATLAB©, e a comunicação com o simulador é realizada por meio do *toolbox* OPC. O acesso à infraestrutura utilizada no curso de Engenharia Química é remoto usando *Virtual Private Network* (VPN) para acessar o servidor da interface homem-máquina (IHM) (ver Figura 6.1). No curso de Engenharia Elétrica, o acesso ainda é local. Como próximo passo de desenvolvimento, o servidor da IHM será implementado, o que viabilizará o acesso remoto.

6.4 Processos químicos simulados

Atualmente, na infraestrutura apresentada na Seção 6.3 são simulados dois processos: o tanque de separação e a coluna de destilação.

6.4.1 Tanque de separação (vaso *flash*)

O tanque de separação, também denominado de vaso *flash*, é um equipamento que promove um contato entre as fases líquidas e de vapor com o objetivo de separar dois ou mais componentes com base na diferença entre suas volatilidades. Assim, o líquido se concentra com o componente menos volátil e o vapor com o componente mais volátil. O vaso *flash* pode ser interpretado como uma coluna de destilação com apenas um estágio (Seader; Henley, 1988), conforme apresentado na Figura 6.2.

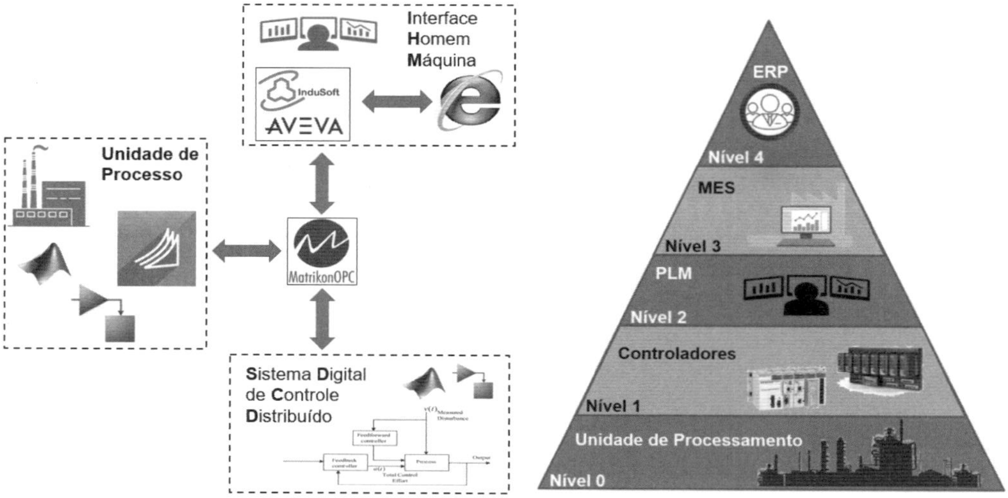

Figura 6.2 – Esquema do vaso *flash* de separação contínua.

A entrada do vaso *flash* é uma mistura composta pelas frações molares z_1 a z_n. O tanque está em uma temperatura T e pressão P constante em que só há duas fases de equilíbrio, uma fase líquida, com as frações molares x_1 a x_n, e uma fase vapor, com as frações molares y_1 a y_n. Na Figura 6.2, ainda são indicadas a vazão F e a entalpia H, os subscritos E, L e V indicam entrada e as fases líquido e vapor de saída, respectivamente. O balanço molar para o componente é, então:

$$z_i = x_i + y_i(1 - L) \tag{6.1}$$

$$y_i = k_i x_i \tag{6.2}$$

onde L representa a corrente líquida a jusante do vaso *flash* e o k_i a relação entre as composições nas fases vapor e líquida.

A relação de equilíbrio é dada por (6.2). Resolvendo (6.1) e (6.2), obtém-se:

$$x_i = \frac{z_i}{L + k_i\,(1 - L)} \tag{6.3}$$

$$x_i = \frac{z_i\,k_i}{L + k_i\,(1 - L)} \tag{6.4}$$

Rachford Junior e Rice (1952) propuseram um método iterativo baseado em uma função objetiva que é a soma de (6.3) e (6.4) para todos os componentes, obtendo:

$$F = \sum \frac{z_i\,(K_i - 1)}{1 + V \times (K_i - 1)} = 0 \tag{6.5}$$

$$\frac{\mathrm{dF}}{\mathrm{dV}} = \sum \frac{z_i\,(K_i - 1)^2}{1 + V \times (K_i - 1)^2} \tag{6.6}$$

As Equações (6.5) e (6.6) são resolvidas pelo Método de Newton-Raphson, dado por:

$$V^{i+1} = V^i - \frac{F}{\frac{\mathrm{dF}}{\mathrm{dV}}}. \tag{6.7}$$

Tabela 6.1 – Parâmetros da modelagem matemática do vaso *flash*

		Composição (kmol)
Componentes	Metano	1
	Etano	0,5
	Propano	0,3
	n-butano	0,1
	Pressão (kPag)	**Temperatura (K)**
Condições na entrada	2000	286
	Altura (m)	**Diâmetro (m)**
Vaso *flash*	3	1,5

Fonte: adaptada de Seader e Henley (1988).

No vaso *flash* isotérmico, a temperatura de equilíbrio é mantida constante pela adição ou remoção de calor. A condição simplifica os cálculos, pois as constantes de equilíbrio variarão somente com a mudança de composição. Os parâmetros utilizados na modelagem matemática são apresentados na Tabela 6.1.

As malhas de pressão, temperatura, nível e vazão de entrada do vaso são acopladas, ou seja, uma variação na entrada de uma delas afeta a saída das outras. O acoplamento entre as malhas de pressão e temperatura pode ser observado nas Figuras 6.3a e 6.3b, em que a resposta ao degrau das malhas é mostrada.

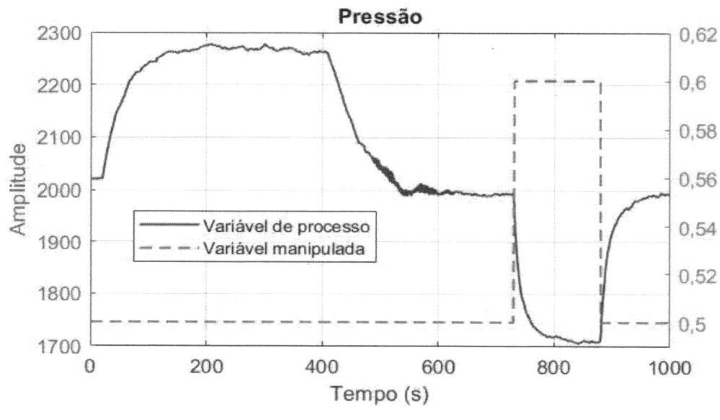

(a)

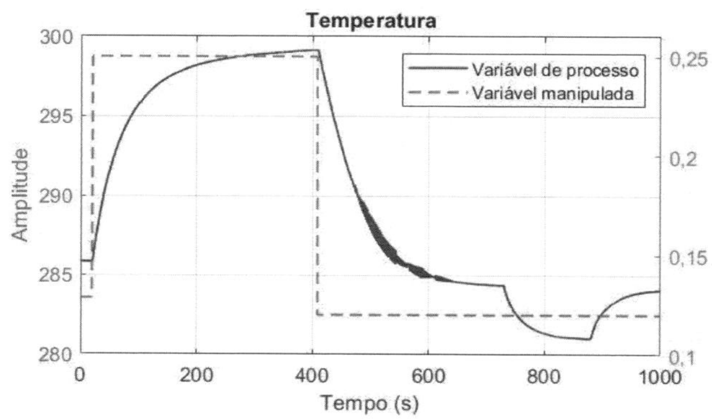

(b)

Figura 6.3 – Resposta ao degrau das malhas de pressão e temperatura do vaso *flash*.

Fonte: dados da pesquisa.

6.4.2 Coluna de destilação

A destilação pode ser definida como um processo em que uma substância, formada por uma mistura em condição de equilíbrio líquido/vapor de dois ou mais componentes, é separada em suas frações com uma especificação de pureza desejada. O processo ocorre com a admissão e a remoção de calor, e baseia-se no fato de que o vapor de uma mistura em ebulição será mais rico nos componentes de menor ponto de ebulição. Sendo assim, quando esse vapor for resfriado e condensado, conterá mais componentes voláteis (produto de topo), enquanto a mistura original conterá mais do material menos volátil, que é o produto de base (Kyster; 1990; Seader; Henley, 1988).

O principal equipamento empregado no processo de destilação é a coluna de destilação, que deve ser projetada para realizar a separação de forma eficiente. A coluna representa um dos pontos de maior consumo energético das unidades, sendo assim, uma forma de reduzir os custos é melhorar sua eficiência por meio da otimização operacional e controle do processo. Para isso, é essencial um entendimento completo dos princípios de destilação e como tais sistemas são projetados.

A coluna considerada, mostrada na Figura 6.4, é composta por uma corrente de alimentação, uma seção de condensação (trocador de calor, vaso de condensador e bomba centrífuga) e uma seção de aquecimento (refervedor integrado na base – *sump* – da coluna, uma corrente de aquecimento e uma bomba centrífuga). Na Figura 6.4, F, T, P, H e z significam vazão, temperatura, pressão, entalpia e vazão molar, respectivamente. Os números de pratos e de estágios da coluna são indicados por n_f e m, repectivamente. Os subscritos E, L e V indicam entrada e as fases líquido e vapor de saída e os sobrescritos D e B indicam destilado e fundo, respectivamente.

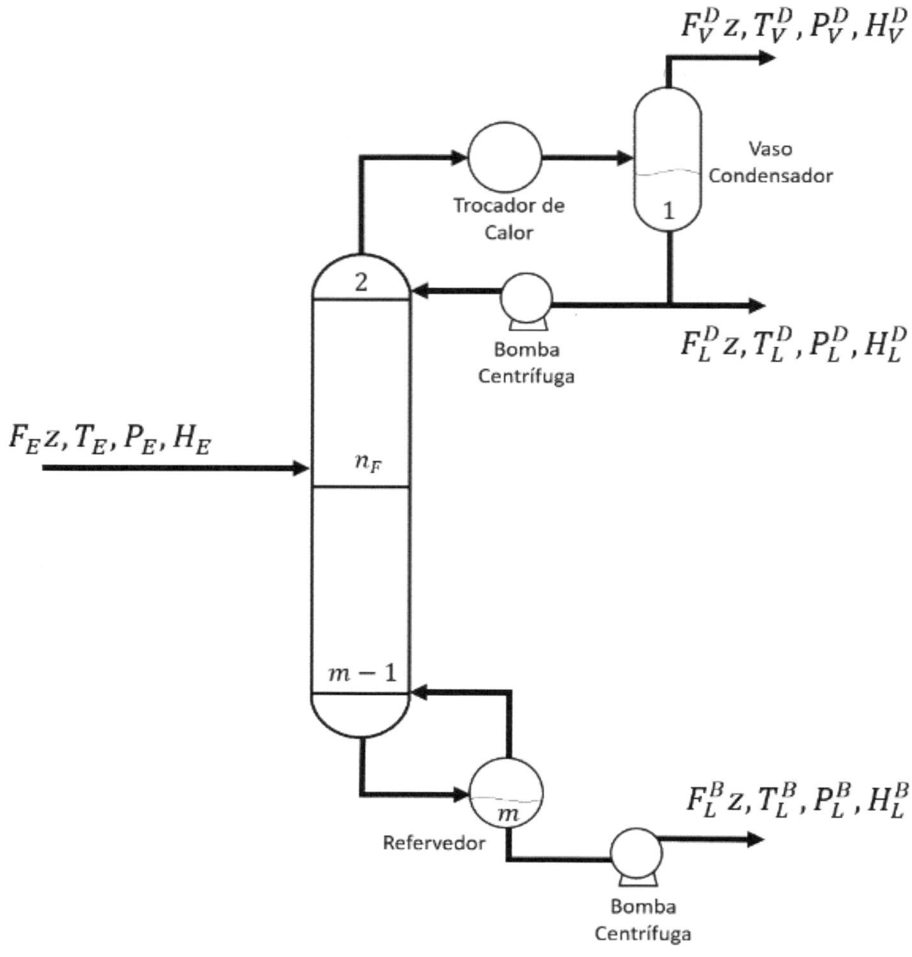

Figura 6.4 – Esquema da coluna de destilação.

O sistema realiza o processo de destilação de uma corrente de hidrocarbonetos, cujo objetivo é a purificação do propano (C_3H_8). Nas indústrias petroquímicas, o propano serve como matéria-prima para fabricação de diversos materiais, como plásticos, fibras têxteis, tintas e borrachas sintéticas. Os dados para a modelagem e simulação dinâmica do processo de destilação são baseados em um sistema apresentado na literatura (Finlayson, 2006). A alimentação do sistema foi configurada seguindo os dados da Tabela 6.2, tendo como base termodinâmica o método de Soave-Redlich-Kwong (SRK) (Smith; Van Ness; Abbott, 2004).

Tabela 6.2 – Dados da corrente de alimentação para o processo

Item	Matéria-prima	Composição (kmol)	Temperatura (K)	Pressão (kPa)
Corrente de alimentação	Propano	45,359	297,04	1200
	Iso-butano	136,080		
	Butano	226,800		
	Iso-pentano	181,440		
	Pentano	226,800		
	Nitrogênio	0,300		

Fonte: adaptada de Seader e Henley (1988).

6.5 Projeto de controle aplicado ao processo

Na indústria, o controlador PID descentralizado é o mais utilizado. Entretanto, os processos industriais do setor de petróleo e gás são extremamente integrados. Essa integração resulta no acoplamento entre as malhas de controle, que interfere no desempenho do controle descentralizado. Para compensar o acoplamento, o bloco desacoplador pode ser utilizado. Esse bloco é implementado entre o processo e o controlador descentralizado com o objetivo de tornar o processo desacoplado diagonal dominante (Liu *et al.*, 2019).

Modelos lineares e de baixa ordem (primeira ou segunda) do processo são normalmente utilizados para projetar os parâmetros do controlador e do desacoplador. Com a identificação de sistema é possível obter esses modelos a partir de dados coletados experimentalmente.

Nesta seção, as técnicas de identificação baseadas na resposta ao degrau e nos mínimos quadrados (Coelho; Barros, 2003), de projetos do desacoplador invertido (Shinskey, 1996) e do controle descentralizado (*simple internal model control* (SIMC) (Skogestad, 2003) são revisadas. Entretanto, na literatura existem diversas metodologias de identificação e sintonia dos parâmetros do controlador que também podem ser consideradas nas aulas. Além disso, outros conteúdos relacionados ao tema, como estabilidade, diagramas de Bode e Nyquist, índices de desempenho nos domínios do tempo e da frequência, também devem ser apresentados e discutidos.

6.5.1 Identificação de sistemas

Considerando o processo em estado estacionário no instante de tempo $t = 0$, um degrau de amplitude h é aplicado na entrada do processo ou no *setpoint*, em $t = 0$ (Isermann; Münchhof, 2011). Além disso, o processo pode ser descrito por uma função de transferência de primeira ordem com atraso, indicada como:

$$G(s) = \frac{Y(s)}{U(s)} = \frac{G_0}{T_1 s + 1} e^{-T_d s} \tag{6.8}$$

onde G_0 é o ganho estático, T_1 é a constante de tempo e T_d é o atraso.

Considerando o experimento do degrau em malha aberta, ou seja, a entrada $u(t)$ é um sinal do tipo degrau com amplitude h. Assim, a transformada inversa de Laplace de (6.8) é dada por:

$$y(t) = hG_0 \left(1 - e^{-\frac{t-T_d}{T_1}}\right) + w(t), \quad t \geq T_d \tag{6.9}$$

onde $w(t)$ é o ruído branco na medição de $y(t)$. Aplicando a integral dos dois lados de (6.9) no intervalo entre $t = 0$ e $t = \tau$, com $\tau \geq T_d$:

$$\int_0^\tau y(t)\mathrm{dt} = hG_0 \left[\tau - T_d - T_1 \frac{y(t)}{hG_0}\right] + [T_1 w(t)]\,\big|_{t=T_d}^{t=\tau} + \int_0^\tau w(t)\mathrm{dt} \tag{6.10}$$

Os parâmetros do modelo são calculados minimizando o erro de predição, que é definido pela função de custo mínimos quadrados, dada por:

$$V_N(\theta, y, u) = \frac{1}{N} \sum_{\tau=1}^{N} \left[A(\tau) - \phi^T(\tau)\theta\right]^2 \tag{6.11}$$

onde as variáveis auxiliares $A(\tau)$, $\delta(\tau)$ e $\phi(\tau)$ são definidas como:

$$A(\tau) = \int_0^{\tau} y(t)\mathrm{dt} \tag{6.12}$$

$$\delta(\tau) = [T_1 w(t)]\,|_{t=T_d}^{t=\tau} + \int_0^{\tau} w(t)\mathrm{dt} \tag{6.13}$$

$$\phi(\tau) = [h\tau \quad -h \quad -y(t))]^T \tag{6.14}$$

Em (6.11) θ é o vetor de parâmetros dado por:

$$\theta = [G_0 \quad G_0 T_d \quad T_1] \tag{6.15}$$

O valor mínimo de V_N pode ser calculado derivando (6.11) e igualando a zero. Dessa forma, os parâmetros do modelo, $\widehat{\theta}$, podem ser estimados por:

$$\widehat{\theta}(N) = \left(\sum_{\tau=1}^{N} \phi(\tau)\phi^T(\tau)\right)^{-1} \phi(\tau)A(\tau) \tag{6.16}$$

onde N é o tamanho do vetor de dados y.

6.5.2 Projeto do controlador descentralizado

Considerando o controlador PI dado por:

$$C(s) = K_P\left(1 + \frac{1}{T_I s}\right) \tag{6.17}$$

em que K_P e T_I são o ganho proporcional e o tempo integral, respectivamente. A técnica de sintonia SIMC é baseada em modelos de primeira ou segunda ordem do processo. Com modelos de primeira ordem é possível projetar controladores do tipo PI, enquanto controladores do tipo PID são projetados utilizando modelos de segunda ordem.

Na Seção 6.5.1 foi mostrado como obter um modelo de primeira ordem com atraso (6.8). Dessa forma, a partir do modelo do processo os parâmetros K_P e T_I do controlador PI são calculados a partir de (6.14), respectivamente,

$$K_P = \frac{1}{G_0}\frac{T_1}{\tau_c + T_d} \tag{6.18}$$

$$T_I = \min(T_1, 4(\tau_c + T_d) \tag{6.19}$$

com τ_c sendo um parâmetro de projeto.

6.5.3 Projeto do desacoplador invertido

Diferente de outras estruturas de desacoplamento, com a estrutura invertida tanto o desacoplador quanto o processo desacoplado resultante são simples. Além disso, essa estrutura possui a facilidade de implementação prática. O projeto do desacoplador é realizado de maneira que o processo desacoplado seja diagonal dominante.

Na Figura 6.5, o diagrama de blocos do processo ($G(s)$) TITO (*two inputs, two outputs*) em malha fechada com controlador descentralizado ($C(s)$) e o desacoplador invertido ($D(s)$) é apresentado. A malha 1 é representada pelo processo g_{11}, o controlador c_1 e os seguinte sinais: referência (r_1), saída de controle (u_1), entrada (u'_1) e saída (y_1) do processo g_{11} (veja Figura 6.5). O desacoplador d_{12} é inserido na malha 1 com o objetivo de reduzir a interação da entrada 2 na saída 1, representada por g_{12}. Assim, o sinal u'_1 é o resultado da soma do sinal u_1 com o sinal de saída do desacoplador d_{12} (Garrido; Vázquez; Morilla, 2011). A malha 2 é definida pelo processo g_{22}, o controlador c_2 e os seguinte sinais: referência (r_2), saída de controle (u_2), entrada (u'_2) e saída (y_2) do processo g_{22}. O desacoplador d_{21} é utilizado para reduzir o efeito da entrada 1 na saída 2, representado por g_{21}.

A matriz de transferência do desacoplador é dada por:

$$D(s) = \begin{bmatrix} 1 & d_{12}(s) \\ d_{21}(s) & 1 \end{bmatrix} \tag{6.20}$$

em que o sistema desacoplado é estabelecido como:

$$G(s)D(s) = \begin{bmatrix} g_{11}(s) & \frac{g_{12}(s)+g_{11}(s)d_{12}(s)}{1-d_{12}(s)d_{21}(s)} \\ \frac{g_{21}(s)+g_{22}(s)d_{21}(s)}{1-d_{12}(s)d_{21}(s)} & g_{22}(s) \end{bmatrix} \tag{6.21}$$

Como a ideia é tornar o processo desacoplado diagonal dominante, igualando os elementos da diagonal secundária a zero, obtém-se a equação de projeto do desacoplador. De maneira geral, cada elemento do desacoplador é calculado por:

$$d_{ij}(s) = -\frac{g_{\mathrm{ij}}(s)}{g_{\mathrm{ii}}(s)} \tag{6.22}$$

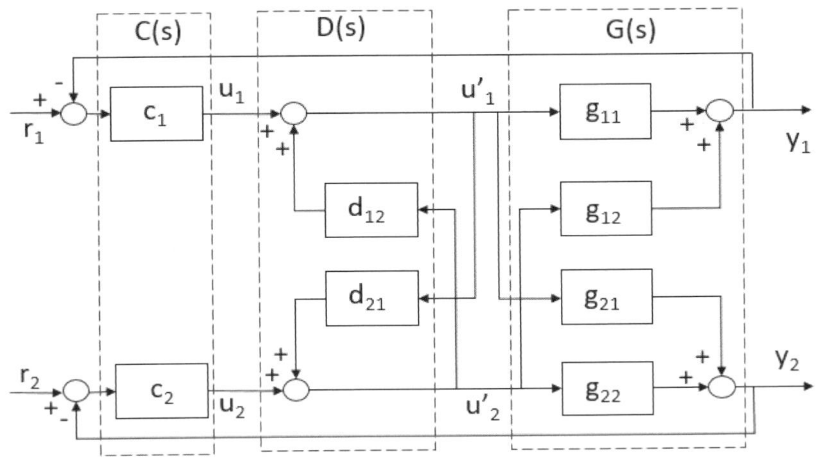

Figura 6.5 – Diagrama de blocos do controle com desacoplador invertido de um processo TITO.

6.6 Proposta de roteiro educacional

Nesse roteiro é utilizada a estratégia *Just-in-Time Teaching* (ensino sob medida). Essa estratégia é dividida em três etapas. A etapa 1 (pré-aula) consiste na leitura do conteúdo e na resolução de exercícios de preparação, os quais devem ser enviados ao professor antes da aula. Na etapa 2 (aula), o professor corrige as atividades da etapa anterior, enfatizando a correção dos erros, além de apresentar a atividade que deve ser desenvolvida durante a aula em grupos. Na etapa 3 (pós-aula), os alunos individualmente revisam o conteúdo e elaboram relatório.

Os conteúdos abordados no laboratório de controle são: i) identificação de sistemas; ii) projeto de controle PID (sintonia dos parâmetros); iii) controle multivariável (descentralizado com e sem desacoplador). Em todas as pré-aulas, o material escrito e vídeos curtos com os tópicos da aula são enviados para os alunos, que também são estimulados a procurar outros materiais na internet. O material ainda inclui exercícios de preparação para o experimento a ser realizado. Esses exercícios devem ser enviados ao professor antes da aula.

A aula inicia sempre com a elucidação das dúvidas dos alunos. Em seguida, os experimentos são realizados utilizando a infraestrutura apresentada, o que permite que a proposta de roteiro seja aplicada na forma presencial ou online. A aula finaliza com a análise dos resultados obtidos. No pós-aula, cada aluno deve rever toda a atividade realizada, analisar os resultados obtidos e organizar de maneira simples e direta para enviar ao professor em formato de relatório técnico.

Nas atividades da aula, os conceitos são aplicados ao processo simulado do vaso *flash*. O processo da coluna de destilação é utilizado no projeto final, o qual consiste em refazer as atividades executadas durante as aulas. A seguir, as atividades pré-aula, os experimentos realizados de cada aula e o projeto final são descritos.

- **Aula 1**: a infraestrutura a ser utilizada nos experimentos é apresentada na primeira aula. Conceitos de Indústria 4.0, como rede de comunicação, acesso remoto e computação em nuvem, são discutidos. Essa primeira aula é introdutória, não tem atividade pré-aula, no entanto é solicitada aos alunos a preparação de um texto sobre Indústria 4.0, que deve ser entregue na aula seguinte.

- **Aula 2**: Identificação de sistemas

Pré-aula:

1. Baseando-se na leitura do conteúdo disponibilizado, crie no MATLAB© uma função que implemente o algoritmo dos mínimos quadrados para estimação dos parâmetros de um modelo de primeira ordem com atraso a partir da resposta ao degrau do processo.

2. Simule o processo $G(s) = \frac{10e^{-s}}{s+1}$ excitando a entrada com um degrau com amplitude igual a 1.

3. Utilize os dados de entrada e saída e a função criada para identificar o modelo.

Aula: no início da aula, além de falar sobre identificação de sistemas, o professor ainda comenta sobre o processo de separação do vaso *flash*. Os alunos devem realizar o experimento do tipo degrau na malha aberta de controle de temperatura do tanque de separação (vaso *flash*), a fim de adquirir os dados de entrada e de saída para a identificação. Em seguida, a teoria de identificação e os dados adquiridos são utilizados para calcular os parâmetros do modelo. As respostas ao degrau do processo real e do modelo devem ser comparadas.

- **Aula 3**: projeto do controlador PI

Pré-aula:: Considere o processo $G(s) = \frac{10e^{-s}}{s+1}$

1. Calcule o ganho e o período críticos pelo critério de Routh.

2. Faça a análise da estabilidade usando o método do lugar das raízes.

3. Sintonize os parâmetros do controlador PI utilizando a técnica SIMC com $\tau_c = T_d$ e $\tau_c = 5T_d$.

Aula: Usando o modelo identificado no experimento 1, o controlador PI deve ser projetado e testado, simulando a malha fechada composta pelo modelo e controlador projetado. Em seguida, esse controlador deve ser aplicado ao processo. Um degrau é aplicado à malha fechada e o resultado obtido é analisado usando índices de desempenho do domínio do tempo (tempo de subida, de acomodação, sobressalto, dentre outros) e da frequência (margens de ganho e de fase).

- **Aula 4**: projeto do desacoplador invertido

Pré-aula: Considere o processo 2×2 (Wood; Berry, 1973):

$$G_{\text{WB}}(s) = \begin{bmatrix} \frac{12{,}8e^{-s}}{16{,}7s+1} & -\frac{18{,}9e^{-3s}}{21s+1} \\ \frac{6{,}6e^{-7s}}{10{,}9s+1} & -\frac{19{,}4e^{-3s}}{14{,}4s+1} \end{bmatrix}$$

1. Aplique um degrau unitário em cada entrada do processo de maneira sequencial.
2. Projete o desacoplador invertido. Simule o processo desacoplado aplicando um degrau unitário em cada entrada de maneira sequencial.
3. Compare os resultados nas simulações realizadas com e sem o desacoplador.

Aula: usando o procedimento da aula 2, a malha de controle de pressão assim como a interação entre as malhas de pressão e de temperatura devem ser modeladas. A partir dos modelos identificados, o desacoplador deve ser projetado e testado, simulando a malha composta pelo modelo do processo e o desacoplador. Em seguida, esse desacoplador deve ser aplicado ao processo. Um sinal do tipo degrau é aplicado na entrada do processo desacoplado e o resultado obtido é analisado por meio de índices de desempenho.

- **Projeto final**

Para finalizar a disciplina, os alunos devem elaborar um projeto de controle considerando outro processo: a coluna de destilação. Esse projeto consiste na aplicação de todos os conhecimentos adquiridos. A aquisição de dados em malha aberta, a identificação dos modelos, os projetos do controlador e do desacoplador são realizados. Em seguida, o aluno deve implementar o controlador e o desacoplador e analisar o desempenho. Um relatório técnico, contendo os parâmetros dos modelos e de controle e a discussão dos resultados obtidos, deve ser elaborado e enviado ao professor. Esse relatório deve conter ainda uma descrição da coluna de destilação.

6.7 Considerações finais

Os avanços da tecnologia resultaram na mudança de comportamento dos estudantes. Como consequência, as metodologias de ensino tradicionais não são mais efetivas. Dessa forma, a aprendizagem ativa e a sala de aula invertida têm ganhado espaço e importância. Nesse contexto ainda, as atuais Diretrizes Curriculares Nacionais (DCN) do curso de graduação em Engenharia trazem a importância da abordagem pedagógica centrada no aluno, que é o cerne das metodologias ativas de aprendizagem.

Nesse sentido, este capítulo apresenta a forma que docentes dos cursos de Engenharia Elétrica e Engenharia Química da UFCG encontraram para aplicar o conceito de sala de aula invertida nos conteúdos práticos em controle de processos. A infraestrutura de um ambiente computacional foi implementada como forma de tornar a experiência de aprendizagem dos alunos o mais próximo possível da realidade de um processo industrial. No final do capítulo é apresentado o roteiro educacional baseado na estratégia JiTT.

O uso da metodologia de ensino da sala de aula invertida tem resultado em maior participação dos alunos durante as aulas. Além disso, uma motivação adicional na realização das atividades já vem sendo observada com a aplicação da infraestrutura implementada nas disciplinas do curso de Engenharia Química. Deixar de simular somente as funções de transferência lineares do processo e os controladores no mesmo ambiente de simulação (MATLAB©) fez com que os alunos passassem a ter uma visão mais completa sobre o contexto de aplicação industrial. Resultados semelhantes são esperados nas disciplinas de controle do curso de Engenharia Elétrica.

Atualmente, o acesso à infraestrutura é realizado localmente e o controle é implementado no MATLAB©. Dessa forma, o próximo passo no desenvolvimento é configurar o acesso remoto, dando maior contexto de Indústria 4.0. Outras técnicas de controle, como o controle preditivo, devem ser inseridas nas atividades realizadas. As modificações realizadas na estrutura permitirão o uso em outras disciplinas do currículo, como Automação Industrial.

Outra atividade possível de ser realizada usando a infraestrutura é o desenvolvimento de gêmeo digital (*digital twin*). Nesse caso, plantas didáticas existentes na universidade serão replicadas no DynSim. O controle desses *digital twin* serão implementados em controlador lógico programável (CLP) ou sistema digital de controle distribuído (SDCD) em uma configuração *hardware-in-the-loop*.

Referências

ALCARAZ, R.; MARTÍNEZ-RODRIGO, A.; ZANGRÓNIZ, R.; RIETA, J. J. Blending inverted lectures and laboratory experiments to improve learning in an introductory course in digital systems. **IEEE Transactions on Education**, v. 63, n. 3, p. 144-154, 2019. DOI: https://doi.org/10.1109/TE.2019.2954393.

BACICH, L.; MORAN, J. **Metodologias ativas para uma educação inovadora**: uma abordagem teórico-prática. Porto Alegre: Penso Editora, 2018.

BERGMANN, J.; SAMS, A. **Sala de aula invertida**: uma metodologia ativa de aprendizagem. Rio de Janeiro: LTC, 2016.

BRASIL. Conselho Nacional de Educação. **Resolução n° 2, de 24 de abril de 2019**. Institui as Diretrizes Curriculares Nacionais do Curso de Graduação em Engenharia. Brasília, DF: MEC, 2019. Disponível em: http://portal.mec.gov.br/index.php?option=com_docman&view=download&alias=112681-rces002-19&category_slug=abril-2019-pdf&Itemid=30192. Acesso em: 10 maio 2022.

CHEVALIER, A.; COPOT, C.; IONESCU, C.; DE KEYSER, R. A three-year feedback study of a remote laboratory used in Control Engineering studies. **IEEE Transactions on Education**, v. 60, n. 2, p. 127-133, 2017. DOI: https://doi.org/10.1109/TE.2016.2605080.

CHEVALIER, A.; DEKEMELE, K.; JUCHEM, J.; LOCCUFIER, M. Student feedback on educational innovation in Control Engineering: active learning in practice. **IEEE Transactions on Education**, v. 64, n. 4, p. 432-437, 2021. DOI: https://doi.org/10.1109/TE.2021.3077278.

COELHO, F. S.; BARROS, P. R. Continuous-time identification of first-order plus dead-time models from step response in closed loop. **IFAC Proceedings Volumes**, v. 36, n. 16, p. 393-398, 2003. DOI: https://doi.org/10.1016/S1474-6670(17)34793-6.

ELMÔR FILHO, G.; SAUER, L. Z.; ALMEIDA, N. N.; VILLAS-BOAS, V. **Uma nova sala de aula é possível**: aprendizagem ativa na Educação em Engenharia. Rio de Janeiro: LTC, 2019.

FINLAYSON, B. A. **Introduction to chemical engineering computing**. Wiley, 2006.

FLETCHER, A. J.; HARRINGTON, R. W. Upskilling student engineers: the role of design in meeting employers' needs. **Education for Chemical Engineers**, v. 24, p. 32-42, 2018. DOI: https://doi.org/10.1016/j.ece.2018.06.004.

FREIRE, V. M. E.; AGUIAR, A. P. V. A.; ACIOLI JUNIOR, G.; FORMIGA, V. B. S.; BARROS, P. R. Projeto de controle PI baseado em dados aplicado a um módulo didático com interface web. *In*: CONGRESSO BRASILEIRO DE AUTOMÁTICA (CBA 2020), 23., 2020, Porto Alegre. **Anais** [...]. Porto Alegre: SBA, 2020. Disponível em: https://www.sba.org.br/open_journal_systems/index.php/cba/article/view/1323/957. Acesso em: 10 maio 2022.

FREIRE, V. M. E.; AGUIAR, A. P. V. A.; ACIOLI JUNIOR, G.; FORMIGA, V. B. S.; RAMOS, E. T. G.; BARROS, P. R. Projeto não iterativo de controlador pi baseado em dados aplicado a um módulo didático com interface web. *In*: SIMPÓSIO BRASILEIRO DE AUTOMAÇÃO INTELIGENTE (SBAI 2021), 15., 2021, Rio Grande. **Anais** [...]. Rio Grande: SBA, 2021. DOI: https://doi.org/10.20906/sbai.v1i1.2676.

GARRIDO, J.; VÁZQUEZ, F.; MORILLA, F. An extended approach of inverted decoupling. **Journal of Process Control**, v. 21, n. 1, p. 55-68, 2011. DOI: https://doi.org/10.1016/j.jprocont.2010.10.004.

GÓMEZ-TEJEDOR, J. A.; VIDAURRE, A.; TORT-AUSINA, I.; MOLINA-MATEO, J.; SERRANO, M.-A.; MESEGUER-DUEÑAS, J. M.; SALA, R. M. M.; QUILES, S.; RIERA, J. Effectiveness of flip teaching on engineering students' performance in the physics lab. **Computers Education**, v. 144, p. 103708, 2020. DOI: https://doi.org/10.1016/j.compedu.2019.103708.

GORGES, W.; ALES, V. T.; MORAES, G. C. Formação de professores nas áreas específicas de Engenharia. **Revista de Ensino de Engenharia**, v. 39, p. 223-229, 2020. Disponível em: http://revista.educacao.ws/revista/index.php/abenge/article/view/1644. Acesso em: 10 maio 2022.

GROSS, S. P.; MUSSELMAN, E. S. Implementation of an inverted classroom in structural design courses. **Journal of Professional Issues in Engineering Education and Practice**, v. 144, n. 3, p. 05018003, 2018. DOI: https://doi.org/10.1061/(ASCE)EI.1943-5541.0000362.

ISERMANN, R.; MÜNCHHOF, M. **Identification of dynamic systems**: an introduction with applications. Berlin: Springer, 2011.

KYSTER, H. **Distillation operation**. New York: McGraw-Hill, 1990.

LI, X.; HUANG, Z. J. An inverted classroom approach to educate MATLAB in chemical process control. **Education for Chemical Engineers**, v. 19, p. 1-12, 2017. DOI: https://doi.org/10.1016/j.ece.2016.08.001.

LIMA, A. B.; BARROS, P. R.; ACIOLI JUNIOR, G. Módulo didático para ensino de teoria de controle. *In*: CONGRESSO BRASILEIRO DE AUTOMÁTICA (CBA 2018), 22., 2018, João Pessoa. **Anais** [...]. João Pessoa: SBA, 2018. Disponível em: https://www.sba.org.br/open_journal_systems/index.php/cba/article/view/134. Acesso em: 17 mar. 2022.

LIU, L.; TIAN, S.; XUE, D.; ZHANG, T.; CHEN, Y. Q.; ZHANG, S. A review of industrial MIMO decoupling control. **International Journal of Control, Automation and Systems**, v. 17, n. 5, p. 1246-1254, 2019. DOI: https://doi.org/10.1007/s12555-018-0367-4.

LLANOS, J.; FERNÁNDEZ-MARCHANTE, C. M.; GARCÍA-VARGAS, J. M.; LACASA, E.; OSA, A. R.; SANCHEZ-SILVA, M. L.; LUCAS-CONSUEGRA, A.; GARCIA, M. T.; BORREGUERO, A. M. Game-based learning and just-in-time teaching to address misconceptions and improve safety and learning in laboratory activities. **Journal of Chemical Education**, v. 98, n. 10, p. 3118-3130, 2021. DOI: https://doi.org/10.1021/acs.jchemed.0c00878.

LOSADA-GUTIÉRREZ, C.; ESPINOSA, F.; SANTOS-PÉREZ, C.; MARRÓN-ROMERA, M.; RODRÍGUEZ-ASCARIZ, J. M. Remote control of a robotic unit: a case study for control engineering formation. **IEEE Transactions on Education**, v. 63, n. 4, p. 246-254, 2020. DOI: https://doi.org/10.1109/TE.2020.2975937.

NOVAK, G. M. Just-in-time teaching. **New Directions for Teaching and Learning**, v. 2011, n. 128, p. 63-73, 2011. DOI: http://dx.doi.org/10.1002/tl.469.

RACHFORD JUNIOR, H. H.; RICE, J. D. Procedure for use of electronic digital computers in calculating flash vaporization hydrocarbon equilibrium. **Journal of Petroleum Technology**, v. 4, n. 10, p. 327-328, 1952. DOI: https://doi.org/10.2118/952327-G.

RAMOS, E. T. G.; AGUIAR, A. P. V. A.; ACIOLI JUNIOR, G.; BARROS, P. R. Controle descentralizado por desacoplamento aplicado à um módulo didático multivariável. *In*: SIMPÓSIO BRASILEIRO DE AUTOMAÇÃO INTELIGENTE (SBAI 2019), 14., 2019, Ouro Preto. **Anais** [...]. Ouro Preto: SBA, 2019. DOI: https://dx.doi.org/10.17648/sbai-2019-111462.

SEADER, J.; HENLEY, E. **Separation process principles**. Wiley, 1998.

SHINSKEY, F. G. **Process control systems**: application, design and tuning. New York: McGraw-Hill, 1996.

SKOGESTAD, S. Simple analytic rules for model reduction and PID controller tuning. **Journal of Process Control**, v. 13, n. 4, p. 291-309, 2003. DOI: https://doi.org/10.1016/S0959-1524(02)00062-8.

SMITH, J.; VAN NESS, H.; ABBOTT, M. **Introduction to chemical engineering thermodynamics**. Singapore: McGraw-Hill, 2004.

SOARES, F.; OLIVEIRA, P. B. M.; LEÃO, C. P. Your turn to learn: flipped classroom in automation courses. *In*: APCA INTERNATIONAL CONFERENCE ON AUTOMATIC CONTROL AND SOFT COMPUTING (CONTROLO 2020), 2020. **Proceedings** [...]. Cham: Springer, 2020. p. 668-675. DOI: https://dx.doi.org/10.1007/978-3-030-58653-9_64.

SRINIVASAN, S.; KUMAR, R.; VAIN, J. Integration of IEC 61850 and OPC UA for smart grid automation. *In*: INNOVATIVE SMART GRID TECHNOLOGIES-ASIA (ISGT ASIA), 2013, Bangalore. **Proceedings** [...]. Bangalore: IEEE, 2013. DOI: https://doi.org/10.1109/ISGT-Asia.2013.6698789.

TONER, N. L.; KING, G. B. Restructuring an undergraduate mechatronic systems curriculum around the flipped classroom, projects, LabVIEW, and the myRIO. *In*: AMERICAN CONTROL CONFERENCE (ACC), 2016, Boston. **Proceedings** [...]. Boston: IEEE, 2016. p. 7308-7314. DOI: https://doi.org/10.1109/ACC.2016.7526826.

WOOD, R. K.; BERRY, M. W. Terminal composition control of a binary distillation column. **Chemical Engineering Science**, v. 28, n. 9, p. 1707-1717, 1973. DOI: https://doi.org/10.1016/0009-2509(73)80025-9.

Capítulo 7

Uso de laboratório remoto no ensino de controle automático na Unesp Ilha Solteira

Bruno Sereni
Edvaldo Assunção
Marco Antonio Leite Beteto

7.1 Introdução

Tradicionalmente, sistemas de controle automático trabalham no esquema ponto a ponto, isto é, planta, sensores, atuadores e controlador são interconectados fisicamente por meio de cabos elétricos. Assim, naturalmente, essa configuração impõe restrições à disposição física desses componentes, limitando a distância máxima que os separa. Todavia, com a exploração de novos meios digitais de produção e manufatura que vieram com a evolução tecnológica da sociedade como um todo, a necessidade de poder monitorar, operar e controlar sistemas de maneira remota e descentralizada passou a representar um grande trunfo da área de sistemas de controle.

Com o rápido desenvolvimento da tecnologia digital, tanto em termos de hardware e software como em termos de comunicação em rede, as barreiras associadas ao controle in loco puderam ser transpostas. Com efeito, é possível encontrar as mais variadas aplicações que demandam e consideram o estabelecimento de linhas de comunicação remota entre a planta e o controlador, como na automação industrial, na aeronáutica, nos serviços de manutenção e na exploração espacial, por exemplo (Ding *et al.*, 2012).

Agora, embora estudos referentes à implementação de sistemas de controle remoto já venham sendo desenvolvidos há bastante tempo, não se imaginava que conceitos intrinsecamente ligados a eles viriam a se tornar absolutamente fundamentais dentro do ambiente de ensino. A pandemia de covid-19, que tomou conta do mundo a partir do primeiro trimestre de 2020, forçou alunos e professores a realizarem, de um dia para o outro, a migração da sala de aula presencial para um ambiente virtual, via internet (Castioni; Melo; Nascimento, 2021; DIAS, 2022; Lago . *et al.*, 2021; Moreira; Henriques; Barros, 2020; Neves; Valdegil; Sabino, 2021; Rondini; Pedro; Duarte, 2020). Como nunca, o mundo foi imposto ao distanciamento social e o impacto imediato disso na educação deu-se na completa descentralização do ensino como um todo.

De fato, o cenário que envolveu a necessidade da suspensão das aulas presenciais impôs o desafio de adaptar as técnicas de ensino pelo uso da tecnologia com vistas ao uso de ferramentas de interação e comunicação (Valente *et al.*, 2020). Assim, esse processo adaptativo incita o consequente estudo da aplicação de tecnologias digitais interativas (TDI), que consiste no uso de ferramentas tecnológicas, como softwares e aplicativos, para possibilitar a interação remota entre alunos e professores (Garcia *et al.*, 2011; Oliveira; Corrêa; Morés, 2020; Pordeus *et al.*, 2021; Santos Junior; Monteiro, 2020).

Contudo, a simples transposição das práticas da docência para o meio virtual não soluciona o problema referente à necessidade de se desenvolver novas estratégias pedagógicas. Para que se possa conduzir ensino com qualidade dentro do atual panorama vivido na sociedade, é imprescindível que o uso das TDI ocorra de modo a promover o engajamento e a direta interação dos alunos com o processo didático, ao invés de simplesmente servir à exibição de conteúdo ou aulas expositivas. É importante que se lance mão da criatividade para buscar amortizar o prejuízo ao ensino provocado pela necessidade da implantação do ensino remoto emergencial (ERE) (Oliveira; Corrêa; Morés, 2020; SOUSA; Valério, 2021; Valente *et al.*, 2020).

De fato, as TDI tendem a ter sua significância reeditada no contexto educacional em vista das mudanças permanentes que alunos e professores carregarão após o fim do período emergencial (Rondini; Pedro; Duarte, 2020). Adicionalmente, uma vez que os impactos da pandemia são globais dentro da sociedade, é esperado um cenário de forte competitividade no mercado de trabalho em um futuro pós-pandêmico (Valente *et al.*, 2020), cenário esse no qual muitos alunos, que vivenciaram o ERE, certamente estarão inseridos. Sendo assim, levando em consideração sua importância nos contextos atuais e futuros, a exploração e o domínio amplo das TDI tendem a transcender o ambiente de ensino. Mais ainda, torna-se provável que a competência no uso e operação dessas ferramentas de interatividade virtual passe a ser determinante nos âmbitos educacional e profissional de pós-pandemia.

Entretanto, todo esse cenário de brusca mudança na metodologia de ensino e aprendizagem que permeia a educação como um todo tem sua problemática particularmente acentuada no âmbito dos cursos de Engenharia. Além do fato de esses cursos serem particularmente dependentes de aulas teórico-expositivas (Costa, 2020), a realização de aulas práticas, majoritariamente desenvolvidas em laboratórios, é tradicionalmente realizada de forma presencial. Se transpor as aulas expositivas para o ambiente online já é um desafio, trazer a experiência de realizar aulas práticas de Engenharia por meio da internet representa um esforço ainda maior.

Diante da necessidade de uma rápida tomada de decisão, a saída inicialmente encontrada e largamente utilizada em cursos de Engenharia foi o uso de simulações numéricas em substituição às aulas de laboratórios práticos durante o período de ERE. Embora essas consistam em um elemento fundamental dentro da experimentação prática, as simulações numéricas, sozinhas, não fornecem ao aluno uma experiência de aprendizado prático completa. Assim, tendo em vista o atual contexto, a implementação das TDI se faz oportuna para suprir essa lacuna no ensino laboratorial. E, como direto benefício de sua implantação, têm-se aberto os caminhos para o acesso remoto de laboratórios e equipamentos de ensino de Engenharia.

É fato que o uso de laboratórios de forma remota já é uma realidade em universidades do mundo todo há vários anos, servindo de apoio às disciplinas teóricas, bem como aprimorando a experiência de cursos ministrados a distância (Fiala *et al.*, 2008; Guimarães *et al.*, 2002; Odeh *et al.*, 2014). Mesmo em âmbito nacional, é possível encontrar relatos de aparatos e procedimentos para a realização de aulas experimentais de Engenharia (Alves; Brandão; Tietz, 2018; Hatashi *et al.*, 2020; Roque *et al.*, 2017). Contudo, o atual contexto nacional exige uma rápida adaptação de instituições que, embora possuam equipamentos e materiais didáticos voltados ao ensino presencial, não estão ou não foram preparadas para ofertar aulas práticas de forma remota.

Diante desse panorama, este trabalho vem relatar a implementação de um modelo para o desenvolvimento de aulas práticas de Engenharia em formato remoto. A proposta tem como cerne a adaptação de estruturas e equipamentos de que a universidade já dispõe, aliada ao uso de elementos e ferramentas que possibilitem o acesso remoto e a operação de máquinas e equipamentos pelos alunos pela internet. No caso apresentado, equipamentos e computadores do Laboratório de Controle da Faculdade de Engenharia de Ilha Solteira (FEIS) da Universidade Estadual Paulista (Unesp) foram adaptados para que os alunos do curso de graduação em Engenharia Elétrica pudessem realizar o projeto, implementação e supervisão de um controlador automático para o sistema 2D Ball Balancer QUANSER©, uma vez que a execução do experimento no seu formato presencial foi impossibilitado em razão do isolamento social imposto pelo período pandêmico. Especificamente, o estudo de caso relatado refere-se à aplicação da metodologia durante as aulas de um semestre do ano letivo de 2020.

Aproveitando a interface original do equipamento, construída por meio do software MATLAB© e do ambiente Simulink©, foi viabilizado o acesso remoto ao computador que o coordena, de modo que os alunos pudessem, na segurança de suas casas e respeitando os protocolos de distanciamento social obrigatórios, implementar seus projetos de controle, operar o sistema e coletar dados do experimento. Todo o procedimento experimental é realizado de forma síncrona, mediado pelo professor, mesclando, em particular, o uso da plataforma Google Meet com o software de acesso remoto AnyDesk,[1] o que garante a imersão remota dos alunos no experimento laboratorial. Além de obter os dados fornecidos pelo computador, os alunos acompanham, em tempo real, a resposta de seus projetos por meio de microfones e de câmeras de vídeo posicionados no laboratório.

Os resultados observados na implementação da metodologia com uma turma de dezessete alunos, em conjunto com seus relatos, no segundo semestre de 2020, indicam que essa abordagem se mostra potencialmente mais completa e eficiente do que outras estratégias de ensino remoto adotadas ao longo do período de ERE, promovendo, inclusive, impactos positivos no âmbito motivacional dos alunos, dentro do contexto do isolamento social. No caso, menciona-se como comparação a estratégia baseada na disponibilização de vídeos e dados adquiridos presencialmente pelo professor aos alunos, método esse que limita a participação do aluno no processo de aprendizado em aulas práticas. O resultado observado na implementação do método relatado instigou a sua subsequente aplicação em todo o restante do período de ERE. A metodologia foi, assim, utilizada nos dois semestres letivos seguintes no Laboratório de Controle da FEIS. Como consequência, os impactos previamente notados na implantação teste do método puderam ser novamente constatados, principalmente em termos da exequibilidade da metodologia e da recepção positiva por parte dos alunos.

O restante do capítulo é organizado da seguinte forma: na Seção 7.2 é apresentada em uma descrição do experimento remoto implementado na Unesp de Ilha Solteira. Também são apresentados detalhes das etapas do experimento, desde o projeto de controle, até a implementação remota do controlador no módulo 2D Ball Balancer Quanser©; na Seção 7.3 são apresentadas e discutidas as respostas obtidas por meio de um formulário preenchido por uma amostra entre os alunos

[1]AnyDesk. Disponível em: https://anydesk.com/pt.

que participaram do experimento, no segundo semestre de 2020. Por fim, na Seção 7.4 são apresentadas as conclusões finais e agradecimentos.

7.2 Metodologia proposta

O cerne da proposta de ensino remoto no contexto de aulas práticas que é apresentada neste capítulo está na exploração do uso conjunto das TDI e de ferramentas de acesso remoto. Concomitantemente, buscou-se implementar esse conceito visando, tanto quanto possível, o aproveitamento da estrutura (materiais, equipamentos e softwares) que a instituição de ensino já possuía. Tendo em mente as três etapas do experimento original de projeto de controle para o *Ball Balancer*, as quais são descritas nesta seção, buscou-se realizar cada uma delas dentro do formato de ERE de modo que os alunos pudessem ter uma experiência o mais próximo possível daquela realizada presencialmente. Nesta seção, a estrutura da metodologia proposta é descrita em detalhes. Como exemplo de aplicação, é apresentada a implementação do método proposto na realização remota de um experimento da disciplina "Controle Linear I", oferecida no curso de graduação em Engenharia Elétrica da FEIS-Unesp.

7.2.1 Descrição do experimento

O experimento original, o qual foi adaptado para ser realizado de forma remota, trata do projeto de um controlador automático para dois motores de corrente contínua que atuam sobre um sistema bola-placa, denominado *Ball Balancer* (Quanser, 2011).

A Figura 7.1 apresenta uma foto do equipamento instalado no laboratório de controle da FEIS-Unesp. Trata-se de um módulo experimental desenvolvido pela empresa Quanser©, cujo objetivo é equilibrar uma esfera sobre uma placa por meio de sua inclinação, provocada pela rotação de dois servomotores cujos eixos são presos a hastes de movimentação.

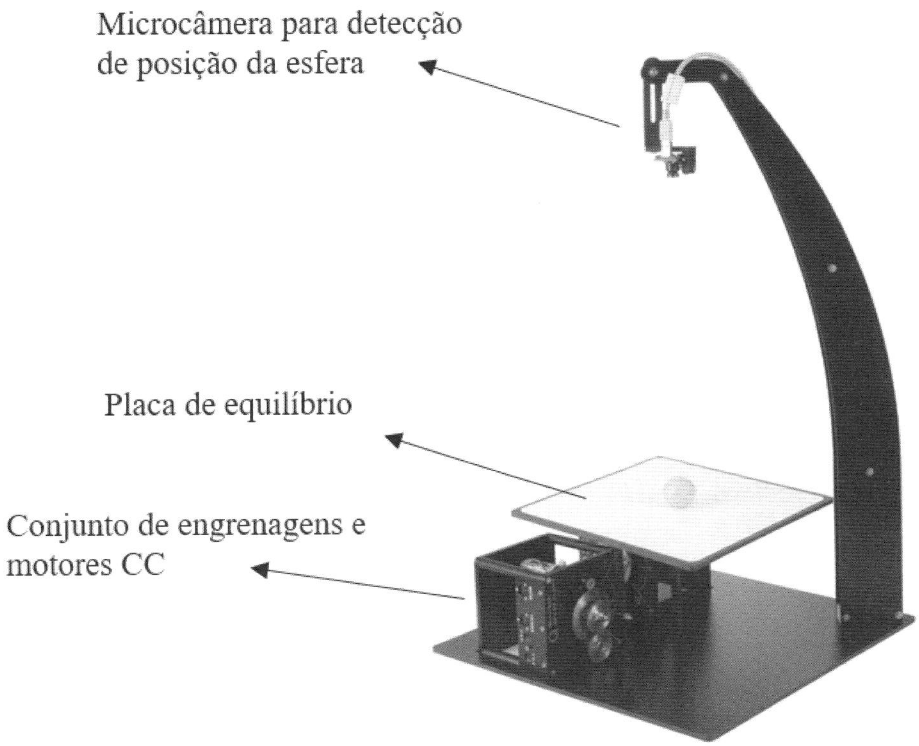

Figura 7.1 – Quanser© 2D Ball Balancer instalado no laboratório de controle da FEIS-Unesp.

Fonte: adaptada de Quanser (2011).

O equipamento tem seu funcionamento coordenado por um microcomputador. Uma interface gráfica, construída via MATLAB©/Simulink©, permite que o usuário opere o equipamento. Na parte superior da haste, que pode ser visualizada na Figura 7.1, uma microcâmera é responsável por rastrear a posição atual da esfera, mediante a tonalidade de sua cor. A posição angular dos eixos de cada servomotor também é medida em tempo real, por meio de *encoders* ópticos. Uma placa de aquisição de dados é responsável por enviar as informações ao computador, que, por sua vez, são disponibilizadas para utilização em uma malha de realimentação.

Mediante a implementação de um sistema de controle, programado via interface Simulink©, um sinal de comando é enviado pelo computador a um amplificador de potência, por meio um conversor digital/analógico. Por fim, o sinal amplificado é enviado aos motores CC, de modo a comandar o equilíbrio da esfera sobre a placa. Um melhor detalhamento da estrutura e constituição física desse equipamento podem ser obtidos no manual do fabricante (Quanser, 2011).

O objetivo da aula é propor aos alunos o desafio de aplicar conceitos de projeto de controladores via método do lugar geral das raízes (LGR) (Ogata, 2010), abordado na parte teórica da disciplina, para obter um ganho de realimentação que garanta requisitos de desempenho (como o tempo de estabelecimento mínimo e a porcentagem de *overshoot* máxima), de forma que a esfera possa ser deslocada sobre a placa, seguindo uma trajetória determinada pelo usuário. A aula é segmentada em três partes, sendo elas: i) o projeto de controle; ii) a simulação computacional para avaliação do projeto inicial; e iii) a implementação prática de controle. Todas essas etapas são, tradicionalmente, realizadas em laboratório, com o acompanhamento do professor e auxiliares técnicos.

A parte de projeto (i) é desenvolvida com o auxílio do software MATLAB©, que dispõe de ferramentas específicas para o projeto de controle via LGR. O laboratório de ensino no qual essas atividades práticas são desenvolvidas conta com seis bancadas equipadas com microcomputadores, os quais dispõem do software MATLAB© instalado sob licença adquirida com recursos da instituição de ensino. Assim, os alunos são divididos entre as bancadas disponíveis para trabalharem em grupo no projeto do controlador.

Na segunda etapa (ii), os alunos devem simular a resposta que o sistema *Ball Balancer* passa a fornecer, para a avaliação de desempenho do controlador projetado. Para tanto, os alunos utilizam o ambiente de simulações Simulink©, trabalhando com um modelo matemático da planta.[2] Nessa etapa são explicados fatores importantes que devem ser observados ao se projetar um controlador que

[2] O modelo matemático da planta foi obtido pelos alunos em experimento anterior, não descrito neste trabalho.

atuará em um sistema real, sujeito a limitações físicas, como os níveis máximos de tensão que podem ser aplicados aos motores CC, de modo a não provocar saturação no sinal de controle.

Por fim, após uma reanálise do projeto inicial e realizados os ajustes para que o controlador atenda as especificações de projeto respeitando as limitações físicas do equipamento, os alunos passam à etapa de implementação prática (iii).

Ao passo que as etapas de estudo e projeto são realizadas inteiramente por meio de um computador, no formato de trabalho preparatório, a implementação do projeto por eles realizado é no equipamento real, em bancada. Levando em conta que o laboratório de controle dispõe de apenas um exemplar do equipamento *Ball Balancer*, foi necessária a implantação de uma logística de rodízio entre os grupos, de modo que todos pudessem implementar seus projetos e avaliar os resultados obtidos.

Durante a implementação prática do projeto de controle dos alunos, a interface digital via Simulink©/MATLAB© permite que diferentes configurações de trajetória de movimento para a esfera sejam configuradas, por exemplo, um quadrado, um círculo ou um losango, tal como ilustrado na Figura 7.2.

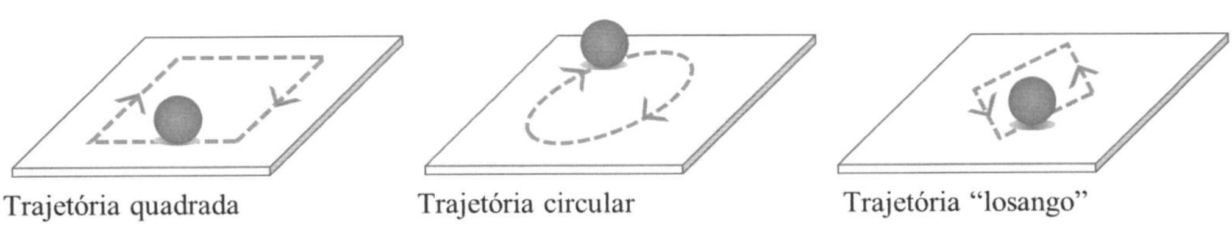

Figura 7.2 – Esquema ilustrativo das diferentes trajetórias de rastreamento de posição da esfera impostas durante o experimento.

Nesses termos, o controlador projetado pelos alunos deve ser capaz de equilibrar a placa de modo que a esfera deslize seguindo a trajetória especificada. Adicionalmente, como forma de ilustrar a ocorrência de distúrbio, é também realizada uma implementação com a esfera sendo perturbada externamente perturbada de sua posição de referência, que é estabelecida no centro da placa. A exploração desses cenários práticos, além de enfatizar o sucesso individual de cada grupo, contribui para deixar a aula mais dinâmica e desafiadora.

7.2.2 Projeto e simulação computacional

Para a implementação da primeira etapa do experimento (projeto), os alunos utilizam o software MATLAB© para obter um controlador adequado. Foi considerada a aplicação da teoria de projeto de controladores via LGR, de forma a garantir os requisitos de projeto, tal como detalhado no roteiro original disponibilizado, anteriormente mencionado neste capítulo.

Uma vez que essa primeira etapa acontece inteiramente com o uso de um computador, foi proposta aos alunos a tarefa de realizar o projeto do controlador em casa, baseado no conteúdo ministrado nas aulas teóricas referentes à disciplina de Controle Linear I. Para a realização desse trabalho preparatório, os alunos também contaram com um material auxiliar na forma de videoaula gravada pelo professor, com instruções para utilização da ferramenta *rltool*, do MATLAB©, voltada ao projeto de controle via LGR.

Para a segunda etapa (simulação), foram aproveitadas as estruturas no ambiente Simulink©, originais da programação do equipamento *Ball Balancer*, para que os alunos pudessem realizar a simulação de seus projetos em suas residências. Para tanto, foram compartilhados os arquivos contendo os programas e estruturas para simulação, de forma que os alunos conduzissem seus estudos e elaborassem suas conclusões, na forma de outro trabalho preparatório, também realizado na forma de atividade assíncrona. Novamente, o material de estudo preparado pelo professor serviu de guia para que os alunos operassem o software de simulação e realizassem as adaptações necessárias aos seus projetos, levando em conta as limitações físicas do equipamento real.

Nesse ponto, ressalta-se que o principal objetivo desse experimento está na realização da implementação prática do controlador. Trata-se do último experimento da disciplina, com o objetivo de convencer o aluno da aplicabilidade prática dos conceitos teóricos desenvolvidos durante o curso. Portanto, os maiores esforços em termos da adaptação do experimento para o formato de ERE foram efetuados para a etapa de implementação.

É importante destacar que os alunos puderam acessar remotamente os computadores do laboratório, viabilizando o uso do MATLAB©/Simulink© para cumprimento dessa etapa do experimento.

7.2.3 Implementação via acesso remoto

Dentro da nova realidade vivida na sociedade, a disposição de alunos, professor e equipamento passou a se dar de forma descentralizada. Os alunos e professores se viram impossibilitados de frequentarem as dependências da instituição, em razão do isolamento social, comprometendo o uso dos equipamentos e computadores que são necessários à realização do experimento.

Percebeu-se assim que o maior desafio estaria em trazer o equipamento de laboratório ao alcance do aluno, de forma que esse possa operar o sistema, e realizar os testes de seu projeto de controle. Contudo, diferentemente do que ocorre nas etapas de projeto e simulação, os programas que coordenam a implementação prática só funcionam quando executados por meio do computador que está conectado fisicamente ao *Ball Balancer*.

Mais ainda, deseja-se que seja possível propiciar uma experiência prática e real do funcionamento do equipamento, como fruto do trabalho realizado utilizando as ferramentas teóricas e computacionais, evitando que a única resposta que os alunos obtivessem fosse um conjunto de dados e curvas que caracterizam um experimento que eles não puderam vivenciar, tal como ocorrido em boa parte das demais disciplinas práticas ministradas na FEIS-Unesp, durante o período de ERE. Assim, dois problemas precisaram ser solucionados: i) o acesso ao equipamento; ii) e a estruturação da imersão remota no ambiente laboratorial.

Como forma de ultrapassar o primeiro desafio, tomou-se proveito justamente do fato de o equipamento *Ball Balancer* ser operado diretamente por um computador. Dessa forma, foi possível viabilizar o acesso remoto do computador, para que os alunos pudessem acessá-lo e realizar a terceira parte do experimento. Para tanto, lançou-se mão do uso de softwares que permitem o acesso remoto de computadores via internet. Existem várias opções que viabilizam esse processo, contudo, neste estudo de caso o software utilizado foi AnyDesk em virtude de ser de licença gratuita, além de dispor de uma interface simples e intuitiva. A Figura 7.3 ilustra o esquema de conexão para implementação do laboratório remoto.

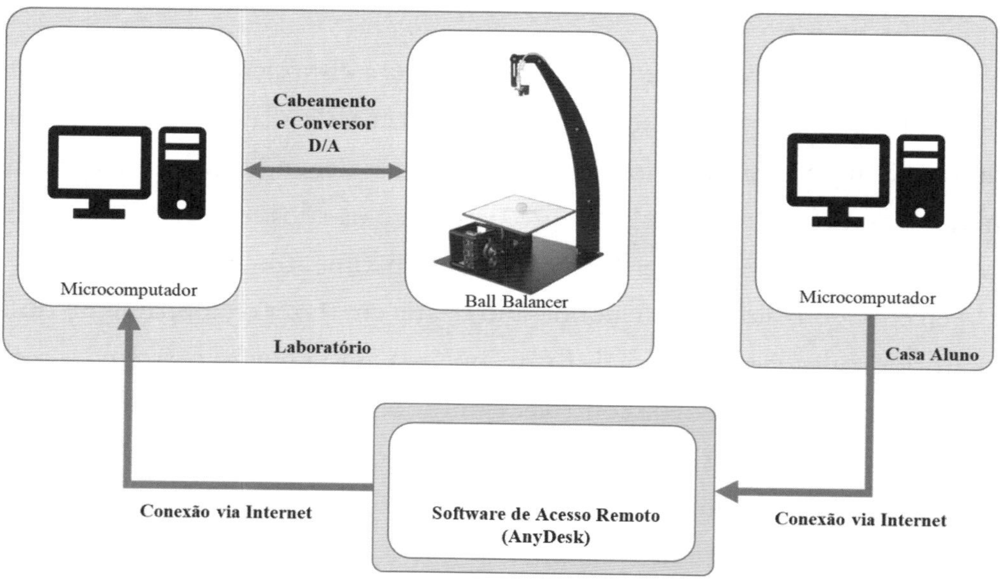

Figura 7.3 – Esquema de conexões para operação remota do sistema *Ball Balancer* via software AnyDesk.

A interface de operação de controle do equipamento também foi adaptada de modo especial para facilitar o manuseio por parte do aluno. É importante minimizar as dificuldades no manuseio, assim como as possibilidades de ocorrência de erros, especialmente por se tratar de uma experiência desenvolvida remotamente, sem o contato direto entre aluno e professor. Na Figura 7.4 é apresentada uma ilustração da interface de acesso remoto ao computador conectado ao *Ball Balancer*.

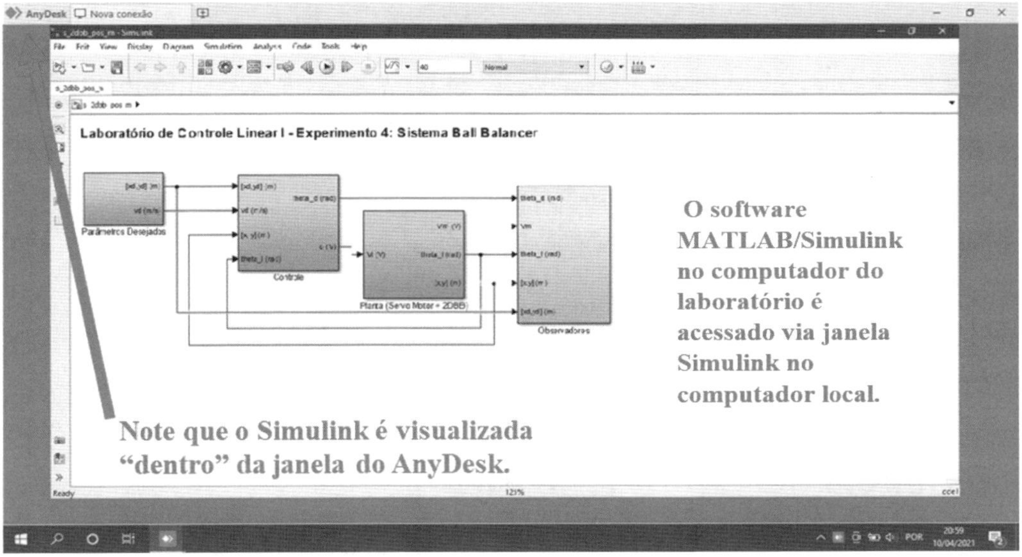

Figura 7.4 – Ilustração da interface de acesso e controle remotos do sistema supervisório Simulink© do *Ball Balancer* via software AnyDesk.

Por meio dessa estrutura de acesso remoto, o aluno pode realizar todos os procedimentos necessários para o cumprimento do experimento: configuração de controlador; ajuste de referências para trajetória; acionamento do sistema de controle; aquisição de dados para análise gráfica. Além disso, a interface oferecida pelo AnyDesk permite a fácil transferência de arquivos.

Para enriquecer e complementar a experiência prática do aluno durante a execução do laboratório remoto, câmeras de vídeo foram instaladas no laboratório, de forma a capturar por diversos ângulos o sistema *Ball Balancer*, conforme exemplifica a Figura 7.5. Neste estudo de caso, considera-se o uso de câmeras que tenham acesso à internet e que, assim, também possam ser acessadas via computador. Mais ainda, o uso de câmeras com microfones embutidos permite a transmissão do áudio do laboratório, em tempo real, ao longo da implementação do experimento. Em conjunto, esses aparatos garantem que o ambiente do laboratório seja reproduzido de forma mais completa, potencializando a sua capacidade de percepção.

Figura 7.5 – Disposição de câmeras para captura de imagens em tempo real da implementação do experimento.

O uso de smartphones também pode ser considerado para a captura de áudio e vídeo a serem disponibilizados durante implementação do experimento. Com efeito, o uso da plataforma Google Meet torna muito fácil a adaptação desses dispositivos para atuarem como câmeras de vídeo, bastando o uso de tripés ou aparato similar que permita a fixação do celular em um ponto estratégico do laboratório.

Ainda, o uso de um smartphone para realizar a transmissão de áudio e vídeo abre margem para uma aproximação maior entre o aluno e o equipamento. Na possibilidade presencial de um professor ou técnico para acompanhar o experimento no laboratório, o manuseio da câmera de um celular pode trazer maiores detalhes visuais do equipamento. Esse formato abre um leque enorme de possibilidades para que o professor possa explorar os aspectos da experiência dos mais variados ângulos, com um detalhamento capaz de enriquecer a experiência de laboratório remoto vivida pelo aluno.

Por fim, atendendo a uma particularidade do equipamento *Ball Balancer*, uma fita de EVA foi instalada ao redor da placa de equilíbrio, com intuito de viabilizar a operação remota do equipamento. De fato, é possível que a esfera caia de cima da placa durante o experimento, o que se tornaria um empecilho à utilização do sistema de forma remota. O uso da fita cria uma forma de contenção física capaz de inibir tal problema. Nessas condições, torna-se possível operar o sistema sem que se faça necessária a presença de uma pessoa no laboratório. A Figura 7.6 mostra, no detalhe, a perspectiva obtida pelo uso de uma câmera de um aparelho celular, posicionado bem próximo ao equipamento, e a barreira de EVA instalada.

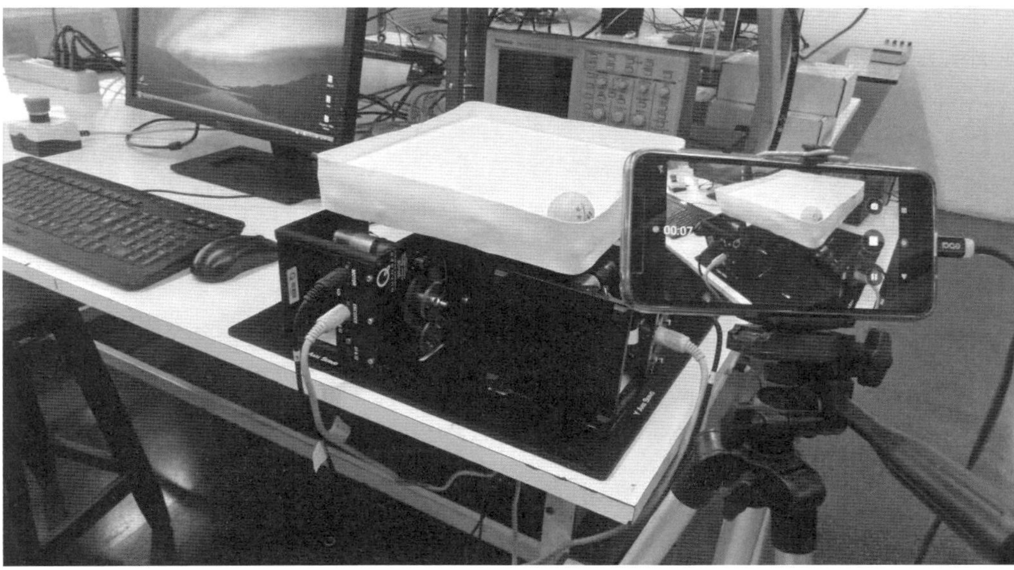

Figura 7.6 – Detalhe da adaptação da estrutura física para implementação remota do experimento.

7.2.4 Implementação prática

Na ocasião da implementação prática dos projetos dos alunos, duas câmeras foram utilizadas para a transmissão de imagem em tempo real, sendo uma câmera robótica Foscam modelo FI8918W e a câmera de um smartphone. A Foscam conta com um sistema de rotação com controle que permite a realização de seu ajuste via internet. Ela foi instalada de modo a propiciar uma visão panorâmica do aparato da bancada de laboratório (computador e *Ball Balancer*).

Por sua vez, o aparelho celular foi posicionado em um tripé ao lado da placa de equilíbrio do *Ball Balancer*, com o objetivo de captar, em detalhes, a movimentação dos motores CC e da condução da esfera sobre a placa, conforme já apresentado nas Figuras 7.5 e 7.6.

O acesso à câmera do celular, bem como a interação entre professor e aluno, ocorre por meio da plataforma Google Meet, com os alunos podendo acompanhar, em tempo real, o desenvolvimento da implementação prática do seu grupo (Figura 7.7). Além disso, um link para acesso às imagens geradas pela câmera robótica é disponibilizado aos alunos, viabilizando o acompanhamento do experimento a partir de outro ângulo.

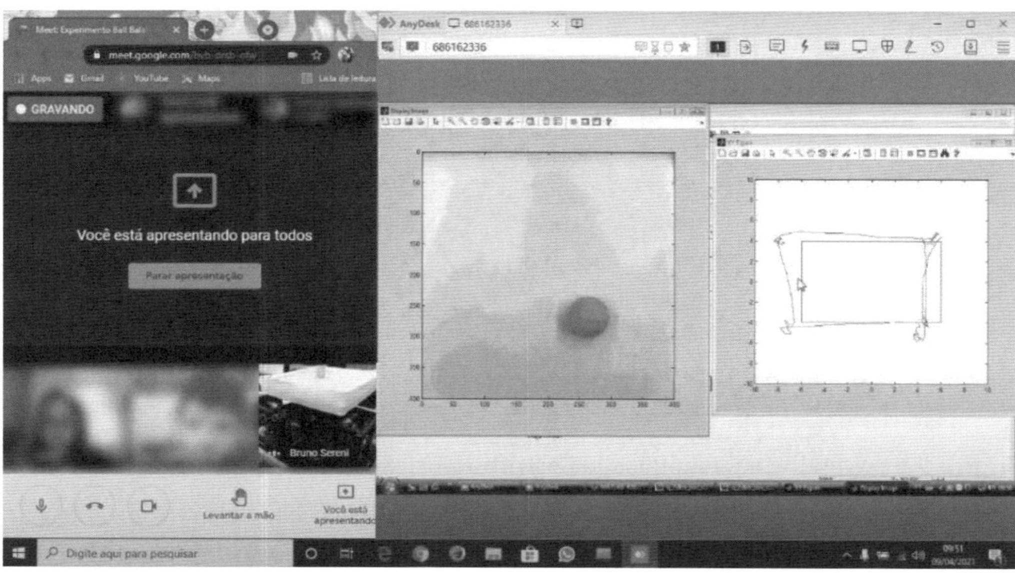

Figura 7.7 – Visão do aluno a partir da interface de reunião do Google Meet e do acesso remoto via AnyDesk.

A participação dos alunos na etapa de implementação ocorre de modo que cada grupo realiza o acesso remoto ao computador do laboratório de cada vez, via software AnyDesk. É importante destacar que esse software permite o acesso simultâneo de mais de um aluno, tornando possível que o grupo todo acompanhe a execução do experimento em tempo real, a partir de seus próprios computadores. O acesso remoto se dá com o objetivo de que os alunos configurem o controlador projetado, utilizando a interface de controle adaptada Simulink©. Todo o procedimento ocorre sob a supervisão do professor, porém o manuseio do equipamento é inteiramente realizado pelos alunos de maneira autônoma.

Cada grupo teve um aspecto particular a ser explorado durante sua implementação. Nesse sentido, foram consideradas diferentes trajetórias de rastreamento da posição da esfera para cada grupo, ilustrando as variadas formas de operação do sistema de controle. Também foi explorada a ocorrência de perturbações, deslocando forçadamente a esfera de sua trajetória com o auxílio de uma haste de plástico, com o intuito de analisar a resposta em tempo real do sistema de controle na presença de distúrbios (Figura 7.8).

Figura 7.8 – Aplicação presencial de distúrbio (deslocamento forçado da esfera de sua trajetória com o uso de uma haste plástica) vista pela câmera robótica panorâmica.

Ao longo de cada rodada de implementação, buscou-se explorar o manuseio do tripé com a câmera do celular, retirando-o de sua base (mesa indicada na Figura 7.8) e aproximando-o do equipamento, por diferentes ângulos. Esse procedimento permitiu que os alunos pudessem visualizar com maiores detalhes a atuação dos motores CC durante a implementação do sistema de controle. Ademais, o uso do microfone permitiu que os sons emitidos pelo equipamento também pudessem ser transmitidos por meio da chamada via Google Meet, reproduzindo virtualmente todos os elementos presentes na implementação prática do sistema de controle.

Ao final de cada rodada, cada grupo adquire dados de sua implementação gerados pelo Simulink©, associados às curvas práticas referentes à posição da esfera e o sinal de controle. Os dados adquiridos são utilizados na posterior elaboração dos relatórios em suas casas, concluindo a realização do experimento. Um exemplo dos sinais adquiridos durante o experimento é ilustrado na Figura 7.9, em que podem ser observados três grupos de sinais: o sinal de referência e posição real da esfera sobre a placa, em relação aos eixos X e Y (quadros superior e central, respectivamente); e sinais de controle em termos da tensão elétrica aplicada a cada um dos dois servomotores que comandam a inclinação da placa nos eixos X e Y (quadro inferior).

Na ocasião do experimento, foi imposto que a esfera percorresse uma trajetória no formato de um quadrado sobre a placa. Para tanto, como se observa, os sinais de referência para posição consistem de ondas quadradas defasadas uma da outra. Com efeito, o avanço e o recuo da esfera ao longo dos eixos X e Y, realizado de forma coordenada, provoca como resultado final o rastreamento de uma trajetória quadrada sobre o plano XY da placa, como pode ser observado no lado direito da Figura 7.7. Por fim, observa-se que a produção de movimento da esfera com respeito aos eixos X e Y é dada pela aplicação de tensão nos servomotores.

Observando mais atentamente a Figura 7.9, nota-se que pulsos positivos de tensão deslocam a esfera no sentido positivo do respectivo eixo, enquanto pulsos negativos produzem o deslocamento no sentido negativo.[3]

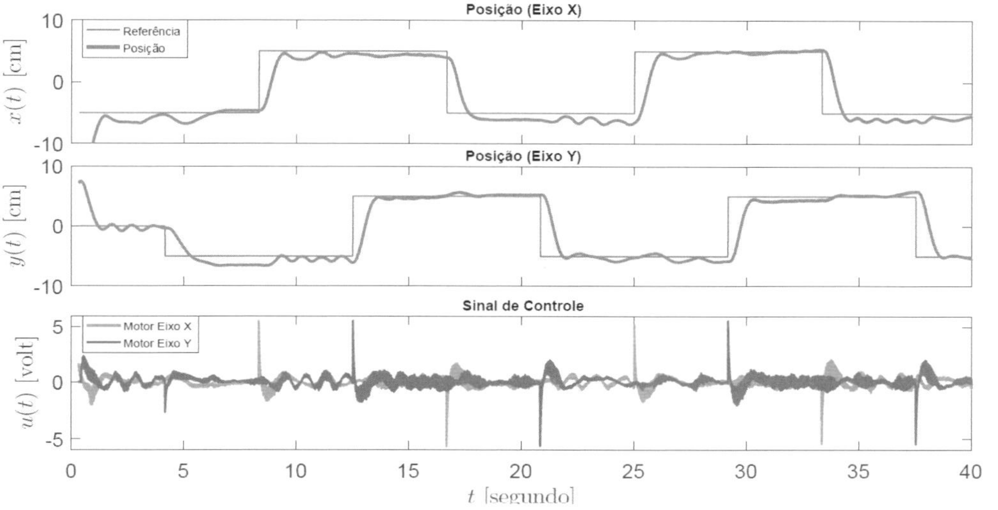

Figura 7.9 – Exemplo de dados adquiridos pelos alunos durante implementação prática do projeto de controle para o *Ball Balancer*.

7.3 Validação do experimento na perspectiva do aluno

A fim de se obter um feedback quanto à experiência propiciada pela implementação da metodologia aplicada, um questionário com cinco questões foi apresentado aos alunos da turma que participou dos experimentos, para ser respondido de forma anônima. As cinco questões apresentadas aos alunos e as respostas de três deles que realizaram os procedimentos experimentais são apresentadas.

[3]Para melhor compreensão do procedimento de aplicação da metodologia apresentada neste capítulo, encontra-se disponível um vídeo exemplificando o processo de acesso remoto, a partir de uma visão geral da aula experimental.

1. Qual a diferença entre esse modelo de laboratório remoto e um presencial, no que se refere a sua própria manipulação do equipamento?

    - *"Em termos de resultado não consigo imaginar alguma diferença, [...]. Em termos de aprendizagem, acredito que a diferença está na manipulação do equipamento: presencialmente podemos ver mais de perto como ele funciona"*;
    - *"Apenas a manipulação do equipamento de forma presencial"*;
    - *"[...] as diferenças são sutis, uma vez que em laboratório presencial a implementação seria realizada por meio do computador, tal qual nesse modelo remoto [...]"*.

2. Essa estrutura remota possibilitou aprofundar seu domínio sobre o equipamento? Se sim, aponte quais fatores levaram a isso.

    - *"Sim. [...] acredito que foi importante discutir como a comunicação entre o equipamento e o computador é realizada [...]"*;
    - *"Sim, permitiu conhecer os componentes do equipamento por meio da imagem da câmera frontal, mostrando o funcionamento em tempo real. [...] Também permitiu observar a aquisição de dados de um sistema analógico para serem trabalhadas na forma digital pelo Simulink"*;
    - *"Sim. A interação direta com o software, sem o intermédio do professor, permite que o aluno explore funcionalidades que despertaram sua curiosidade e possibilita maior autonomia de decisão nas configurações de controle de trajetória e na definição dos parâmetros de controle [...]"*.

3. Essa experiência contribuiu para seu melhor entendimento da teoria? Se sim, diga o que acha que foi determinante para isso.

    - *"Sim. A aplicação da teoria em um problema prático de controle [...] demonstrou como a mesma pode ser abordada em ferramentas computacionais de forma simples e ágil. Um dos pontos principais, acredito que foi a visualização de um sistema de controle real em que o controlador pôde ser projetado e executado pelo aluno, mesmo que à distância"*;

- *"Sim, [...] foi utilizar as ferramentas que são trabalhadas teoricamente, como o root locus por meio do software MatLab, trazendo praticidade ao experimento"*;
- *"Sim. Uma vez que a interação com o software é feita diretamente pelo aluno, [...] Tal abordagem possibilita uma experiência prática análoga à presencial, mesmo dentro de um contexto de aulas no modelo ERE"*.

4. Como este modelo de aula prática remota se compara com outros modelos de aula prática que você teve contato neste semestre?

- *"O modelo proposto foi o único que possibilitou realmente um trabalho prático, permitindo alterações que geraram discussões interessantes sobre os seus efeitos no sistema. Outros modelos limitaram-se a realização de simulações, não demonstrando o comportamento do circuito na realidade, dificultando a elaboração de comparações e discussões, que auxiliam no processo de aprendizado"*;
- *"Normalmente os outros laboratórios estão sendo trabalhados somente por meio de simulações e não implementações práticas [...]"*;
- *"Os demais modelos ao qual fui exposto [...] isentam o aluno do processo experimental e das problemáticas envolvidas [...]"*.

5. Teria alguma sugestão para aperfeiçoar essa proposta de laboratório remoto?

- *"[...] Uma sugestão que posso apontar é a apresentação do Simulink durante a explicação do experimento, por exemplo, dando noções básicas de como inserir um sinal, obter gráficos das saídas etc. [...]"*.
- *"Acompanhar pelo computador sem sombra de dúvidas não traz dificuldade alguma para o experimento. No entanto, pelo celular não consigo imaginar se isso traria problemas ou não Uma sugestão seria a cri-*

ação de um app para celular para realizar o acesso remoto ao computador [...]".

- *"No experimento do qual participei o uso de dois captadores de áudio (um para o equipamento e outro para o professor) permitiu uma experiência de imersão ao escutar o som do funcionamento dos servomotores. Não obstante, durante algumas explicações, as duas fontes de som atrapalhavam a compreensão da fala do professor. Sugere-se que seja feito o uso de apenas um microfone para que essa problemática seja solucionada. A câmera auxiliar em tempo real apresentada fora do ambiente do Google Meet foi pouco acessada, uma vez que a maior parte do tempo transitei entre as janelas de controle remoto do computador em laboratório e de chamada (para visualizar o equipamento em funcionamento e acompanhar a apresentação de material didático). Diante disso, o tempo despendido no início da aula para explicar a forma de acesso à câmera secundária poderia ser melhor aproveitado numa situação com tempo restrito e mais alunos em aula".*

A partir dos depoimentos obtidos, é possível inferir que a estratégia adotada para estabelecer esse laboratório remoto tem potencial para oferecer melhores resultados em termos do envolvimento e motivação dos alunos durante a experiência. De acordo com o mencionado em algumas das respostas, a oportunidade de poder realizar implementações práticas durante as aulas de laboratório no período ERE fomentou um maior aprofundamento nas discussões feitas durante a aula.

Como resultado, pode-se obter um ambiente mais propício para o desenvolvimento do aprendizado, especialmente quando comparado a alternativas adotadas para ministrar aulas práticas no período de ERE, como a realização de simulações mais simples ou o mero fornecimento de dados coletados pelo professor, para serem tradados e entregues como atividade assíncrona pelos alunos.

Também é importante salientar que tais impactos na percepção dos alunos podem ser obtidos sem se fazer necessário aplicar modificações aos equipamentos já disponíveis no laboratório, bastando a configuração de um microcomputador e a criação de um roteiro de laboratório.

7.4 Conclusões

Após a implementação da metodologia proposta, e a partir dos comentários realizados por alunos que participaram do experimento, pode-se concluir que utilizar estratégias para viabilizar o uso de um laboratório remoto, via internet, pode contribuir com a criação de um ambiente de aprendizado produtivo e instigante.

Excetuando o contato físico entre os alunos e os equipamentos, a metodologia proposta pode reproduzir praticamente todos os aspectos de uma aula presencial. Além disso, a estratégia de fornecer o acesso remoto dos equipamentos de ensino aos alunos permitiu a manutenção do aprendizado, tanto em termos de aprofundamento do domínio sobre os equipamentos quanto no entendimento da base teórica por trás dos experimentos. Acredita-se que a razão por trás disso está no fato de que o aluno passa a ser elemento atuante dentro da aula, fomentando o surgimento de dúvidas e discussões que favorecem o aprendizado. Com efeito, tal aspecto é justamente o que difere a metodologia apresentada neste capítulo das estratégias normalmente adotadas em outras aulas práticas no curso, que basicamente propõem a participação passiva dos alunos, ao apenas acompanharem simulações.

Atualmente, com a flexibilização das normas de distanciamento social, o modelo de laboratório remoto apresentado não vem sendo mais utilizado nas aulas práticas de Controle Linear I na FEIS-Unesp, voltando estas a serem realizadas de forma presencial. No entanto, o estudo realizado serve de registro para aplicação de técnicas de laboratório remoto em situações nas quais seja inviável a operação presencial de máquinas e equipamentos.

Como forma de aperfeiçoar a dinâmica do modelo de aula prática remota proposto, sugere-se a adequabilidade de disposição de equipamentos de captura de áudio e vídeo, bem como o manuseio desses dispositivos, com o intuito de potencializar a capacidade que estes têm de enriquecer a aula. A atenção com as formas de acesso à aula também se faz relevante, tendo em vista que os alunos o podem fazer por meio de diferentes equipamentos, como computadores, notebooks ou aparelhos celulares.

Por fim, cabe destacar que na ocasião de indisponibilidade de equipamentos específicos, como o módulo do *Ball Balancer* discutido neste capítulo, a técnica de acesso remoto via AnyDesk pode ser aplicada para implementar as análises de simulação por meio da disponibilização remota de acesso a softwares como o MATLAB©. Ademais, qualquer equipamento que possa ser operado via microcomputador pode ser utilizado e manipulado remotamente utilizando a metodologia apresentada. Além disso, a capacidade de acesso simultâneo pelos alunos pode ser explorada para propor atividades que estimulem o trabalho e a discussão em grupo, mesmo no âmbito de simulações computacionais.

Referências

ALVES, L. F.; BRANDÃO, D.; TIETZ, F. Desenvolvimento de laboratório remoto para suporte ao ensino de controle de processos industriais para estudantes de Engenharia Elétrica. *In*: CONGRESSO INTERNACIONAL DE EDUCAÇÃO E TECNOLOGIAS: ENCONTRO DE PESQUISADORES EM EDUCAÇÃO A DISTÂNCIA (CIET: EnPED), 2018, São Carlos. **Anais** [...]. São Carlos: Grupo Horizonte – UFSCar, 2018. Disponível em: https://cietenped.ufscar.br/submissao/index.php/2018/article/view/199. Acesso em: 13 jun. 2022.

CARVALHO, A. S.; BARONE, D. A. C.; ZARO, M. A. Uma plataforma tecnológica para o ensino de Engenharia de Controle. **Revista Renote – Novas Tecnologias na Educação**, v. 7, n. 3, p. 286-295, 2009. DOI: https://doi.org/10.22456/1679-1916.13568.

CASTIONI, R.; MELO, A. A. S; NASCIMENTO, P. M. Universidades federais na pandemia da Covid-19: acesso discente à internet e ensino remoto emergencial. **Ensaio: Avaliação e Políticas Públicas em Educação**, v. 29, p. 399-419, 2021. DOI: https://doi.org/10.1590/S0104-40362021002903108.

COSTA, L. A. C. Desafios e avanços educacionais em tempos da COVID-19: a docência no ensino remoto em cursos de Engenharia. **Revista de Estudos e Pesquisas sobre Ensino Tecnológico (EDUCITEC)**, v. 6, p. e152920-e152920, 2020. DOI: https://doi.org/10.31417/educitec.v6.1529.

DIAS, M. J. D. Na contramão: reflexões sobre o ensino remoto emergencial e implicações na prática docente. **Revista Docência e Cibercultura**, v. 6, n. 1, p. 1-14, 2022. DOI: https://doi.org/10.12957/redoc.2022.61430.

DING, S. X.; ZHANG, P.; YIN, S.; DING, E. L. An integrated design framework of fault-tolerant wireless networked control systems for industrial automatic control applications. **IEEE Transactions on Industrial Informatics**, v. 9, n. 1, p. 462-471, 2012. DOI: https://doi.org/10.1109/TII.2012.2214390.

FIALA, O.; FENCL, T.; MOC, L.; BURGET, P. Remote labs and resource sharing in control systems education. **IFAC Proceedings Volumes**, v. 41, n. 2, p. 13640-13645, 2008. DOI: https://doi.org/10.3182/20080706-5-KR-1001.02310.

LAGO, N. C.; TERRA, S. X.; CATEN, C. S.; RIBEIRO, J. L. D. Ensino remoto emergencial: investigação dos fatores de aprendizado na educação superior. **Revista Ibero-Americana de Estudos em Educação**, p. 391-406, 2021. DOI: https://doi.org/10.21723/riaee.v16i2.14439.

GARCIA, M. F.; RABELO, D. F.; SILVA, D.; AMARAL, S. F. Novas competências docentes frente às tecnologias digitais interativas. **Teoria e Prática da Educação**, v. 14, n. 1, p. 79-87, 2011. Disponível em: https://periodicos.uem.br/ojs/index.php/TeorPratEduc/article/view/16108. Acesso em: 15 maio 2022.

GUIMARÃES, B.; SOUZA, A. S.; GOSMANN, H. L.; BAUCHPIESS, A. Internet based remote laboratory: the level control of three coupled water reservoirs. *In*: CONGRESO DE LA ASOCIACIÓN CHILENA DE CONTROL Automático (ACCA), 2002, Santiago. **Proceedings** [...]. Santiago: ACCA, 2002. Disponível em: http://www.ene.unb.br/adolfo/Papers/acca2002.pdf. Acesso em: 15 maio 2022.

HAYASHI, V.; ALMEIDA, F.; ARAKAKI, R.; TEIXEIRA, J. C.; MARTINS, D.; MIDORIKAWA, E.; CUGNASCA, P. S.; CANOVAS, S. LabEAD: Laboratório Remoto para o Ensino de Engenharia. In: WORKSHOPS DO CONGRESSO BRASILEIRO DE INFORMÁTICA NA

EDUCAÇÃO (WCBIE), 9., 2020, Online. **Anais** [...]. Porto Alegre: SBC, 2020. p. 187-194. DOI: https://doi.org/10.5753/cbie.wcbie.2020.187.

MOREIRA, J. A. M.; HENRIQUES, S.; BARROS, D. Transitando de um ensino remoto emergencial para uma educação digital em rede, em tempos de pandemia. **Dialogia**, n. 34, p. 351-364, 2020. DOI: https://doi.org/10.5585/Dialogia.N34.17123.

NEVES, V. N. S.; VALDEGIL, D. A.; SABINO, R. N. Ensino remoto emergencial durante a pandemia de COVID-19 no Brasil: estado da arte. **Práticas Educativas, Memórias e Oralidades (Rev. Pemo)**, v. 3, n. 2, p. e325271-e325271, 2021. DOI: https://doi.org/10.47149/pemo.v3i2.5271.

ODEH, S.; ALVES, G. R.; ANABTAWI, M.; JAZI, M.; AREKAT, M.; GUSTAVSSON, I. Experiences with deploying VISIR at Al-Quds University in Jerusalem. *In*: IEEE GLOBAL ENGINEERING EDUCATION CONFERENCE (EDUCON), 2014, Istanbul. **Proceedings** [...]. Istanbul: IEEE, 2014. p. 273-279. DOI: https://doi.org/10.1109/EDUCON.2014.6826102.

OGATA, K. **Modern control engineering**. Prentice Hall, 2002.

OLIVEIRA, R. M.; CORRÊA, Y.; MORÉS, A. Ensino remoto emergencial em tempos de Covid-19: formação docente e tecnologias digitais. **Revista Internacional de Formação de Professores (RFIP)**, v. 5, p. 1-18, 2020. Disponível em: https://periodicoscientificos.itp.ifsp.edu.br/index.php/rifp/article/view/179/110. Acesso em: 15 maio 2022.

PORDEUS, M. P.; MAGALHÃES JUNIOR, A. G.; PORDEUS, C. L. V.; PAULINO, F. W. V. O ensino remoto e as Tecnologias Digitais da Informação e Comunicação (TDIC) no Estado do Ceará: alguns apontamentos no cenário da pandemia de Covid-19. **Research, Society and Development**, v. 11, n. 4, p. 1-20, 2022. DOI: http://dx.doi.org/10.33448/rsd-v11i4.27531.

QUANSER. **2D Ball balancer user manual**. Quanser Inc., 2011.

RONDINI, C. A.; PEDRO, K. M.; DUARTE, C. S. Pandemia do COVID-19 e o ensino remoto emergencial: mudanças na práxis docente. **Interfaces Científicas – Educação**, v. 10, n. 1, p. 41-57, 2020. DOI: https://doi.org/10.17564/2316-3828.2020v10n1p41-57.

ROQUE, G. R.; IZIDORO, C. L.; SILVA, K. C.; SIMÃO, J. P. S.; ALVES, G. R. C.; BILESSIMO, S. M. S.; SILVA, J. B. Utilização do laboratório remoto VISIR como recurso educacional num curso de Engenharia Mecatrônica. *In*: CONGRESSO BRASILEIRO DE

EDUCAÇÃO EM ENGENHARIA, 45., 2017, Joinville. **Anais** [...]. Joinville: ABENGE, 2017. Disponível em: http://www.abenge.org.br/sis_submetidos.php?acao=abrir&evento=COBENGE17&codigo=COBENGE17_00001_00000525.pdf. Acesso em: 3 jun. 2022.

SANTOS JUNIOR, V. B.; MONTEIRO, J. C. S. Educação e covid-19: as tecnologias digitais mediando a aprendizagem em tempos de pandemia. **Revista Encantar: Educação, Cultura e Sociedade**, v. 2, p. 1-15, 2020. DOI: http://dx.doi.org/10.46375/encantar.v2.0011.

SOUSA, L. G.; VALÉRIO, R. B. R. Química experimental no ensino remoto em tempos de Covid-19. **Ensino em Perspectivas**, v. 2, n. 4, p. 1-10, 2021. Disponível em: https://revistas.uece.br/index.php/ensinoemperspectivas/article/view/6652. Acesso em: 15 maio 2022.

VALENTE, G. S. C.; MORAES, E. B.; SANCHEZ, M. C. O.; SOUZA, D. F.; PACHECO, M. C. M. D. O ensino remoto frente às exigências do contexto de pandemia: reflexões sobre a prática docente. **Research, Society and Development**, v. 9, n. 9, p. 1-13, 2020. DOI: http://dx.doi.org/10.33448/rsd-v9i9.8153.

Capítulo 8

Jogo interativo para o ensino de espaço de estados

Allan de Medeiros Martins
Ícaro Bezerra Queiroz de Araújo
Ademar Gonçalves da Costa Junior

8.1 Introdução

Em um modelo tradicional de ensino, por muitos séculos no ensino superior, o aluno precisa ir ao lugar físico de uma determinada instituição de ensino, em conjunto com seus demais colegas, em uma determinada data e horário, para ter o contato inicial com um conceito que está sendo abordado em uma disciplina. Nesse momento, o professor é o centro das atenções, no qual, por meio de uma aula expositiva, tenta entregar o máximo de conteúdo por meio dos seus slides projetados em uma parede ou por meio do quadro e lápis (ou giz), para que eles (os alunos) possam realizar determinadas tarefas após a aula, além de serem pontuados por algumas avaliações somativas ocasionais.

Bazzo (2017, p. 24) afirma que "a formalização do ritual da aula puramente expositiva, em que o professor dita o ritmo, a sequência e, por decorrência, a prioridade do que deve ser posto como conteúdo, inibe, desmotiva e aborrece o aluno". Bazzo (2017, p. 26) ainda afirma que:

> [...] a importância capital dada às avaliações individuais centradas na memorização, na repetição de métodos estabelecidos e, principalmente, na reprodução cega dos modelos extraídos dos livros-textos utilizados, muitas vezes ocasiona sérios prejuízos ao aprendizado.

Vallim (2008, p. 5) descreve que existem três tipos de desafios à formação em Engenharia que, na opinião dos autores deste capítulo, continuam vigentes:

- O primeiro é um desafio sociológico, que é não reduzir a formação a um processo de formatação das pessoas à demanda de mercado.
- O segundo é um desafio epistemológico, que deve considerar as contribuições da pesquisa na área de cognição para construir modelos de educação bem articulados que permitam ao indivíduo desenvolver plenamente suas potencialidades e adquirir autonomia no seu processo de crescimento diante da incerteza e complexidade no mundo atual.
- O terceiro desafio é pedagógico, que não se deve reduzir a educação a um processo de transmissão de conhecimento, nem de treinamento de habilidades, pois o conhecimento separado da ação reflexiva torna-se apenas informação inerte.

Em um conceito apresentado como Educação 4.0 (Frerich *et al.*, 2016), e entre alguns pontos apresentados por Hernandez-de-Menendez, Díaz e Morales-Menendez (2020), os alunos: elaborarão seus próprios currículos, com base em seus interesses; precisarão ser mais organizados e gerenciar melhor seu tempo de trabalho em um tempo menor para concluir suas tarefas; treinarão a si próprios, pois os professores assumirão o papel de mentores.

Pensando nisso, é necessário que os estudantes possam ser envolvidos no processo de ensino-aprendizagem, com os professores dando suporte para que se tornem proativos, adotando, por exemplo, metodologias que tenham alguma complexidade, nas quais tenham que tomar decisões e avaliar seus possíveis resultados. O uso de tecnologias digitais pode ajudar nessa contextualização da modernização do ensino-aprendizagem não só na Engenharia, mas em qualquer área do conhecimento.

Moran (2015, p. 39) aborda que "o que a tecnologia traz hoje é integração de todos os espaços e tempos. O ensinar e o aprender acontecem em uma interligação simbiótica, profunda e constante entre os chamados, mundo físico e digital".

A atual geração de estudantes possui uma familiaridade muito grande com *games* ou jogos eletrônicos (a partir daqui adota-se no texto o termo jogos). É muito comum, na educação em geral, o uso de técnicas modernas de ensino e aprendizagem denominadas de *Game-Based Learning* (GBL), que utilizam conceitos aplicados em jogos eletrônicos para auxiliar no desempenho dos discentes, sendo tais técnicas consideradas como metodologia ativa de aprendizagem. O GBL tem algumas semelhanças com a Aprendizagem Baseada em Problemas/Projetos (ABP/ABPj), em que os problemas a serem resolvidos estão inseridos nesses jogos eletrônicos. A maior diferença entre ambos os métodos reside no fato que o GBL utiliza jogos para atingir certos objetivos de ensino, enquanto a ABP/ABPj não faz uso necessariamente de jogos. Segundo Barata (2015, p. 12), o jogo em si "possui muitas características à solução de um problema: múltiplas formas de resolver, resultados inesperados, contextualização, colaboração, desafio, descoberta e satisfação quando o problema é resolvido".

Somado a esse fato, para os cursos de Engenharia, existe uma tendência crescente com relação à implementação de metodologias ativas de ensino. Resultados recentes indicam que a adoção de metodologias ativas é benéfica ao aprendizado (Troussas; Krouska; Sgouropoulou, 2021). Ainda nesse ponto, é possível citar a Resolução nº 2, de 24 de abril de 2019 (CNE, 2019), que estimula a implementação de metodologias ativas de aprendizagem nos cursos de Engenharia.

Diversas áreas das Engenharias, como Engenharia Agrícola (Poblaciones, Garcia-White, Marín, 2021), Engenharia Civil (Lima *et al.*, 2020), Engenharia Elétrica (Callaghan *et al.*, 2018; Oren; Pedersen; Butler-Purry, 2020; Nascimento *et al.*, 2021), Engenharia de Petróleo (Asiksoy; Canbolat, 2021) estão demonstrando crescente interesse no uso acadêmico de jogos digitais, gamificação ou quizzes baseados em jogos.

Baseado na problemática apresentada, este capítulo apresenta a utilização e o desenvolvimento de um software online de código aberto implementado em JavaScript denominado *Can U Control?*. O *Can U Control* é um jogo educativo que objetiva ensinar uma teoria que os alunos das Engenharias (Elétrica, Mecânica, Computação, Controle, entre outros cursos), Física ou Matemática, normalmente, acham complicada ou muito abstrata, denominada "dinâmica em espaço de estados". Esse software desenvolvido inicialmente no Laboratório de Automação, Controle e Instrumentação, na UFRN, em formato de jogo para ambientes *mobile*, foi posteriormente disponibilizado como uma aplicação web.

O presente capítulo apresenta uma contribuição em termos de educação em Engenharia, a qual se baseia no uso do GBL, que é a metodologia presente no aplicativo, pois, mesmo apresentando uma forma simples de interação em termos de jogabilidade, reflete exatamente o que ocorre na teoria e na prática da implementação de um controlador em espaço de estados. O objetivo é tornar a apresentação da teoria mais simples, de forma lúdica e visual, para os discentes que estão estudando os conceitos relacionados ao tema.

Para fins de organização, o restante do presente capítulo está dividido dessa maneira. Na Seção 8.2 são apresentados alguns conceitos a respeito de gamificação e o uso de jogos no contexto da educação. Na Seção 8.3 são apresentadas algumas considerações sobre o ensino da teoria de espaço de estados. Na Seção 8.4 são apresentadas informações a respeito da ferramenta descrita neste capítulo. Por fim, na Seção 8.5 são realizadas algumas considerações finais.

8.2 Gamificação e jogos no contexto da educação

A gamificação é o uso de elementos de projeto de jogos em contextos, por exemplo, educacionais, entre outros, para envolver os jogadores em um desafio interativo (Deterding *et al.*, 2011). A gamificação é cada vez mais aplicada a ambientes educacionais por causa de sua capacidade de envolver os alunos em um nível social, emocional e cognitivo (Chapman; Rich, 2018). Os elementos de projeto de jogos comumente usados no ensino superior incluem premiação de pontos com base na realização, implementação de competição amigável por meio de tabelas de classificação, classificações e duelos e engajamento de alunos com interação social usando *feeds* de notícias, comentários e sistemas de votação (Call; Fox; Sprint, 2021).

Brigham (2015) pontua que a gamificação é um conceito complicado, sendo que tem havido alguma confusão sobre o que se qualifica em sua definição. É mais frequentemente definido como o uso de elementos de jogos em outros contextos, incluindo de educação. No entanto, a gamificação não deve ser confundida com outros conceitos de jogos, como teoria dos jogos, jogos sérios, jogos aplicados, simulação de jogos e projeto de jogos, pois são conceitos tecnicamente diferentes (Deterding *et al.*, 2011; Moraes; Cardoso, 2017; Seaborn; Fels, 2015; Zhao *et al.*, 2021).

Deve ser ressaltado que a metodologia de aprendizagem ativa GBL e gamificação não são termos iguais, apesar de apresentarem algumas semelhanças e suas diferenças ainda serem discutidas na literatura. Plass, Homer e Kinzer (2015) apresentam diversos fundamentos sobre GBL, e, segundo esses autores, a diferenciação pode ser utilizada com este exemplo:

> Considere como exemplo a gamificação do dever de matemática, que pode envolver dar aos alunos pontos e estrelas para a realização de atividades existentes que eles consideram enfadonhas. A aprendizagem baseada em jogos do mesmo tópico de matemática, por outro lado, embora também possa incluir pontos e estrelas, envolveria o redesenho das atividades de dever de casa, usando conflito artificial e regras de jogo, para torná-las mais interessantes e envolventes.

De acordo com Chapman e Rich (2018), a gamificação não significa transformar atribuições em jogos. Ao invés disso, a gamificação busca nos princípios dos jogos a forma de motivação e, em seguida, aplicar esses princípios como uma camada de interação para ambientes de não gamificação. Sua intenção é influenciar a motivação, habilidade, atitudes e desempenho.

Devem ser observados quais os objetivos de aprendizagem nos quais serão empregadas a gamificação do processo de aprendizagem e os jogos para educação. Nasu (2020, p. 131) afirma que:

> [...] os objetivos a serem alcançados estejam relacionados aos principais fatores que são desencadeados por essas estratégias. O grande atrativo em se aplicar a gamificação no escopo de um curso acadêmico é a promoção do engajamento dos estudantes nas aulas.

De acordo com Garris, Ahlers e Driskell (2002, p. 445), existe um modelo tácito de aprendizagem inerente à maioria dos estudos de jogos instrucionais. Em primeiro lugar, o objetivo é criar um programa instrucional que incorpore determinados recursos ou características dos jogos. Em segundo lugar, esses recursos acionam um ciclo que inclui julgamentos ou reações do usuário, como prazer ou interesse, comportamentos do usuário como maior persistência ou tempo na tarefa e mais feedback do sistema. Na medida em que se tem sucesso em emparelhar conteúdo instrucional com recursos de jogo apropriados, tal ciclo resulta em um jogo recorrente e automotivado. Finalmente, esse envolvimento no jogo leva à realização de objetivos de treinamento e resultados de aprendizagem específica. Esse modelo instrucional é ilustrado na Figura 8.1.

Figura 8.1 – Modelo de jogo com entrada, processo e resultado.

Fonte: adaptada de Garris, Ahlers e Driskell (2002).

Em relação à motivação dos alunos para que possam aprender utilizando jogos, Malone e Lepper (1987) examinaram a motivação intrínseca para a aprendizagem quanto aos jogos de computador, produzindo uma taxonomia de motivações intrínsecas significativas para a pesquisa de motivação para jogos. A taxonomia inclui quatro motivações individuais – desafio, fantasia, curiosidade e controle – e três motivações interpessoais – cooperação, competição e reconhecimento. Em um estudo recente, Laine e Lindberg (2020) propuseram uma taxonomia com 56 motivadores identificados que podem contribuir para o envolvimento motivado dos alunos em jogos educacionais. Tais motivadores são divididos em catorze classes baseadas em suas similaridades.

O projeto de um jogo educacional que atenda ao potencial da motivação intrínseca é uma tarefa altamente exigente que pode ser facilitada por princípios de projeto de jogos educacionais baseados em experiência e pesquisa (Kim *et al.*, 2018; Niman, 2014; Prensky, 2013). Resultados recentes indicaram que a motivação dos alunos em usar os jogos, como complemento de aprendizagem ou motivação para ir além daquele conhecimento disponível, aumentou (Asiksoy; Canbolat, 2021; Call; Fox; Sprint, 2021; Oren; Pedersen; Butler-Purry, 2021; Zhao *et al.*, 2021).

Ressalta-se que o objetivo do uso de jogos educacionais deve ser avaliado pelo professor em sua aplicação em sala de aula, seja ela presencial ou remota. Se a pretensão de se elevar a motivação e o nível de participação dos estudantes, o uso de jogos e similares provavelmente será adequado, em virtude de promover, sobretudo, cenários competitivos e dinâmicos (Nasu, 2020). Por outro lado, Nasu continua (2020, p. 133):

> [...] se o objetivo for produzir um ambiente calmo e passivo com o uso de técnicas tradicionais de ensino, como leitura em sala de aula e exposição de conteúdos para memorização pelos alunos, o emprego de jogos e atividades gamificadas pode não ser o mais indicado.

Uma possibilidade de desenvolvimento de jogos, que podem ser aplicados para a educação, é a linguagem de programação por meio de blocos, imagens e sons, denominada de Scratch.[1] Ela foi desenvolvida pelo grupo Lifelong Kindergarten no Media Lab do Massachusetts Institute of Technology (MIT), onde foi idealizada por Mitchel Resnick.

[1]Scratch. Disponível em: https://scratch.mit.edu/.

Inicialmente, o Scratch foi projetado para a utilização de estudantes entre 8 e 16 anos, mas é usado por pessoas de todas as idades, sendo utilizado em mais de 150 países e disponível em mais de sessenta idiomas, com fornecimento gratuito para os principais sistemas operacionais – Windows, Linux e Mac (Scratch, 2021). Outras formas de desenvolvimento de jogos podem ser encontradas na literatura (Tekinbas; Zimmerman, 2003; Rogers, 2010; Adams, 2014; Chou, 2015; Schell, 2019).

Também deve ser observado qual o tipo de estudante; a aplicação de um jogo educacional será pertinente para uma metodologia ativa de aprendizagem. Estudos apontam que a geração Y (ou *millennials*) está totalmente adaptada a tal situação, porém existe a necessidade de avaliação por parte do docente quando há outras gerações anteriores (geração X e *baby boomers*) (Saxenamishra, 2021).

Outro ponto a ser observado é a experiência do docente no possível uso de jogos educacionais. Percebe-se a dificuldade de relação entre os docentes mais velhos e os estudantes mais novos, havendo um choque de gerações, devido à diferença de idade (Nasu, 2020).

Mais três questões também devem ser avaliadas no uso de jogos educacionais como parte da metodologia de ensino e aprendizagem ativa. A primeira questão refere-se ao tempo disponível, estrutura física e tecnologia empregadas na disciplina. Em países em desenvolvimento, como no caso do Brasil, é necessário considerar a dificuldade de acesso por parte de alguns dos discentes matriculados na disciplina, principalmente em instituições públicas de ensino.

O segundo ponto a ser levantado refere-se ao tipo de conteúdo e processo de avaliação utilizada na disciplina. Os componentes curriculares de uma mesma área podem requerer processos de passagem de conteúdo ou de avaliação que são, em geral, bem diferentes de outros componentes curriculares da mesma área. Isso se reflete no desenvolvimento de um determinado jogo, requerendo, assim, um melhor planejamento, visto que determinada ideia utilizada para um componente curricular pode não ter os mesmos efeitos se aplicada em outra disciplina.

Por fim, em terceiro lugar, deve-se levar em consideração a forma como serão coletadas as informações a respeito da interação do discente com o jogo, visto que, sabendo que está sendo avaliado, ele poderá mudar o seu comportamento (ou iteração) dentro do ambiente virtual. Assim, um desafio importante ao se projetar jogos para o aprendizado é como medir a aprendizagem sem interromper o envolvimento dele.

Com relação ao processo avaliativo, Min *et al.* (2020) propuseram uma metodologia de avaliação "furtiva", na qual o estudante não tem conhecimento de quais dados da sua interação com o jogo estão sendo armazenados e enviados ao docente responsável pela disciplina. Esse trabalho utiliza modelos de evidências baseados em redes neurais profundas. Usando essa estrutura, os modelos de evidência são concebidos usando um conjunto de recursos preditivos capturados de dados brutos de interação de baixo nível para inferir evidências para competências dos discentes.

Ainda no quesito de avaliação, em Tadayon e Pottie (2020) é proposta a metodologia de avaliação de jogos com modelos ocultos de Markov (*Hidden Markov Models*). Nesse estudo é indicado que o conhecimento dos alunos ao longo da interação com jogos pode ser estimado por análise de série temporal. O estudo realizado evidenciou a importância de uma avaliação e a predição durante a interação do discente com o jogo, mostrando que é possível coletar informações importantes não só nos momentos pré e pós-teste.

8.3 O ensino de espaço de estados

Dentre as disciplinas dos cursos da área de Engenharia IV da Coordenação de Aperfeiçoamento de Pessoal de Nível Superior (Capes), em especifico na área de automação e controle, um dos assuntos que possui um desafio maior com relação ao ensino e aprendizagem é o de sistema de espaço de estados. Segundo Rossiter *et al.* (2020), o tema de espaço de estados não é um dos assuntos mais populares nos cursos de Engenharia.

Existem várias representações matemáticas para os sistemas dinâmicos. Os mais comumente utilizados são as equações diferenciais, as funções de transferência e o sistema de espaço de estados. Na representação de espaço de estados, os sistemas dinâmicos são representados por variáveis internas denominadas de "estados" do sistema (Nise, 2015). Os estados podem representar qualquer variável que se modifica em um sistema dinâmico, por exemplo, a posição de uma massa, a corrente em um circuito, entre outras. A representação do espaço de estado nada mais é que uma equação diferencial de primeira ordem em que as variáveis de estado são montadas em uma representação vetorial única, indicada como:

$$\dot{x}(t) = F(x(t), u(t)) \tag{8.1}$$

Em (8.1), $x(t)$ é o vetor de estado, $u(t)$ é a entrada do sistema e $F(.)$ é a função que governa como o sistema evolui no tempo. A dimensão do vetor fornece a ordem do sistema. Ainda em (8.1), a informação é que, em um determinado momento do tempo, o estado "caminhará" na direção dada por sua primeira derivada.

Para sistemas de segunda ordem, é possível "ilustrar" as equações do espaço de estados utilizando setas para representar cada derivada nas posições correspondentes às posições dos estados, por meio de um gráfico denominado de campo vetorial, ilustrado na Figura 8.2.

A partir da Figura 8.2 é possível desenhar a evolução do estado e fazê-lo "andar" no campo vetorial. Como cada seta é a derivada da posição do estado, ela representa a velocidade dos estados e, como tal, indicará o caminho percorrido por eles.

Essa representação gráfica, embora simples, pode representar características importantes (e algumas vezes complicadas), desde correntes em um circuito elétrico até as posições de átomos e seus momentos. O caminho que o estado percorre pode ser controlado alterando o campo vetorial, ou seja, modificando $u(t)$ em (8.1). O problema ocorre quando, ao mudar o valor de $u(t)$, o campo vetorial não é mudado livremente. Nesse caso, o campo vetorial mudará apenas um aspecto dele, seja mudando a direção geral das setas ou mudando o local para onde as setas convergem.

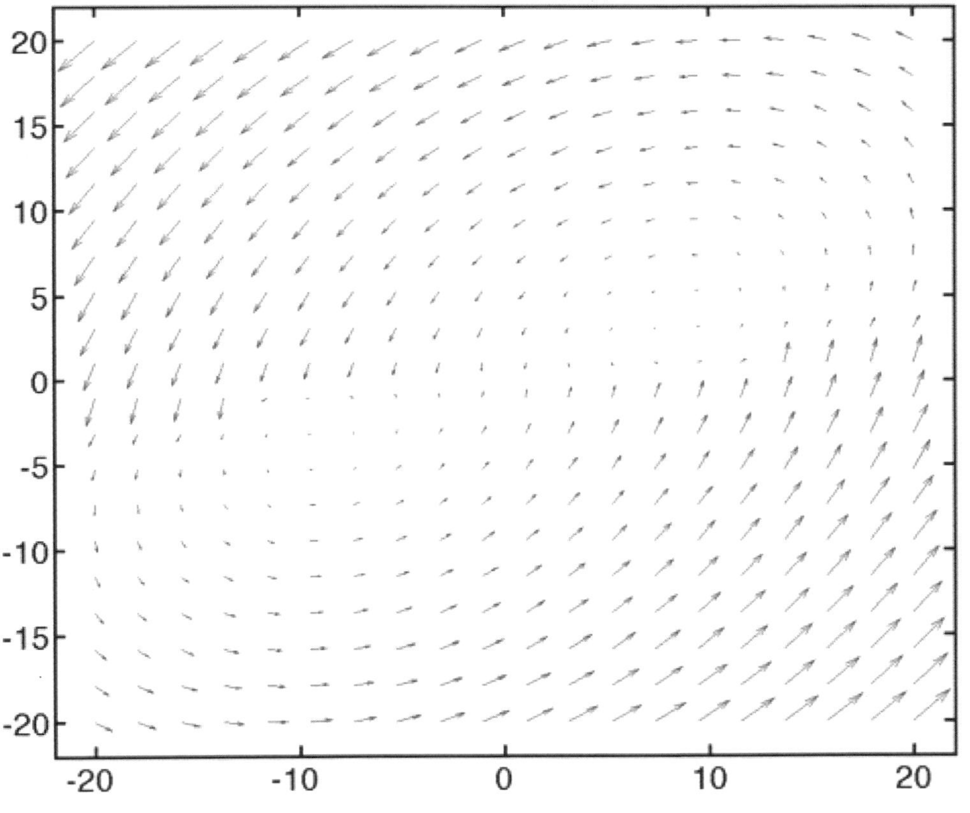

Figura 8.2 – Representação de um campo vetorial.

Assim, é um desafio controlar a posição do estado nos sistemas reais. Existem vários tipos de sistemas, os quais dependem da função $F(.)$. Aqui, podem ser citados sistemas lineares, não lineares, descontínuos, quantizados, discretos, entre outros. Cada tipo de sistema pode ainda ser classificado de acordo com sua estabilidade (estável ou instável), presença de oscilações, ciclos, entre outras características.

Nesse ponto, existe um desafio de fazer com que os discentes que cursam disciplinas relacionadas à teoria de espaço de estados fixem algumas dessas características e associem tais conhecimentos com a representação no campo vetorial.

Em pesquisas sobre o ensino de espaço de estados, Choi (2005) apresentou uma abordagem na teoria de espaço de estados com ênfase na aplicação da teoria para a resolução de problemas de projeto de controle utilizando o MATLAB©. Após a aplicação da nova abordagem, percebeu-se o aumento do interesse e o número de inscrições por parte dos alunos.

Ayyagari (2019) apresentou um estudo de caso, em laboratório, com uma modificação do ensino da teoria de espaço de estados para que os alunos pudessem relacionar os conceitos teóricos em práticas com circuitos de baixo custo, além da inserção de projetos de sistemas de controle, na National Institute of Technology, na Índia.

8.4 O jogo *Can U Control*

Nesta seção são apresentados alguns detalhes do jogo *Can U Control*. O objetivo deste jogo é apresentar alguns conceitos básicos a respeito da teoria de espaço de estados de uma maneira dinâmica e interativa para os discentes de cursos de graduação ou pós-graduação da área de sistemas de controle.

O jogo tem como principal objetivo a simplificação do conceito de espaço de estados por meio de um aplicativo interativo e divertido com a característica de apresentar uma interface com diversos gráficos, desenhos, personagens jogáveis e sons.

A regra básica do jogo é, basicamente, "controlar o personagem para chegar ao alvo", sendo muito semelhante a um jogo convencional no qual um personagem segue um objetivo. A grande diferença é como funciona o controle do personagem. Na Subseção 8.4.2 são discutidas algumas características do *Can U Control?*.

A Figura 8.3 indica os lugares no mundo em que as pessoas usaram a versão iOS do *Can U Control?* no período de 2010 a 2014. Cada alvo vermelho é um lugar onde pelo menos uma pessoa baixou o aplicativo e jogou. Atualmente, o aplicativo encontra-se disponível para acesso por meio de uma página de internet e pode ser acessado a partir de qualquer navegador de qualquer sistema operacional.[2]

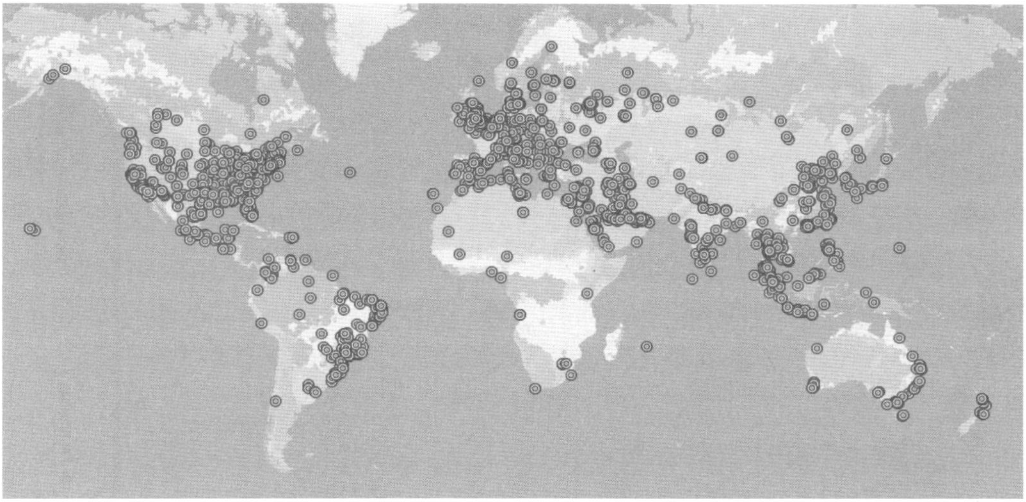

Figura 8.3 – Locais no mundo onde a primeira versão do *Can U Control* foi baixada ao redor do mundo.

8.4.1 Dinâmicas do jogo

No jogo *Can U Control*, para ensinar o conceito de espaço de estados, o jogador não controla o personagem diretamente. No lugar disso, o personagem sempre é obrigado a seguir a "dinâmica do ambiente". O personagem pode ser definido como o "estado" do sistema e o ambiente é o "espaço". Dependendo da dinâmica do espaço, pode ser mais fácil ou mais difícil fazer o personagem chegar ao alvo. Isso é exatamente o que ocorre com sistemas físicos que têm sua dinâmica representada em espaço de estados.

O ambiente do jogo então é construído para que o jogador controle apenas um aspecto do "espaço" (via barra lateral que pode ser movida para cima e para

[2]Disponível em: https://dev-mind.blog/apps/CanUControl/.

baixo), conforme destacado na Figura 8.4. Esse aspecto muda o espaço exatamente como um "controlador" industrial modifica um sistema físico real (por exemplo um motor, ou um aquecedor).

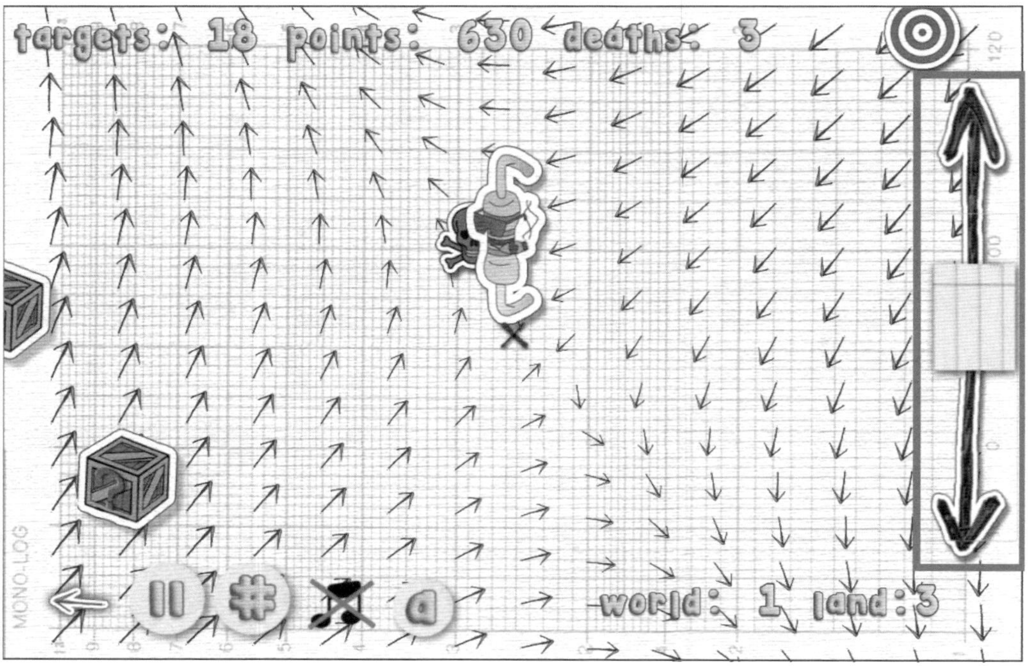

Figura 8.4 – Tela do jogo destacando a barra lateral de controle no quadrado vermelho.

Ao interagir com o jogo, o discente pode entender e assimilar melhor alguns conceitos sobre o sistema de espaço de estados, além de adquirir uma percepção mais aprimorada sobre as dificuldades e os aspectos práticos de um controlador real implementado em um sistema dinâmico. Além disso, conforme o jogador avança e termina cada nível, novos desafios aparecem e, da próxima vez que este entrar naquele nível, torna-se um pouco mais difícil. Por exemplo, o alvo pode começar a se mover, ou certos estados são proibidos, com pequenas caveiras vermelhas aparecendo nessa posição. Esses estados proibidos podem representar, na prática, valores em regiões que precisam ser evitados, por exemplo, atuar de maneira a limitar a velocidade de uma massa. Mais do que uma relação técnica, tanto a caveira quanto as caixas "bônus" servem para tentar manter o interesse do aluno, acrescentando níveis de dificuldade.

De todo modo, o jogador atua como um "controlador" de um sistema dinâmico e o ambiente é esse sistema, sendo o alvo o sinal de referência. Com isso, o jogador tem a noção de quão difícil é para um controlador industrial, que é um dispositivo eletrônico ou mecânico, "controlar" um sistema físico como a velocidade de um motor, a temperatura de aquecedor, o nível de um tanque, entre outros.

Para demonstrar esse conceito, a Figura 8.5 ilustra um sistema dinâmico (um circuito elétrico) com duas malhas e uma entrada (esta o controlador pode alterar para controlar o sistema). Nesse exemplo, o campo 2D é formado pelas duas correntes no circuito. A posição do personagem indica o valor das duas correntes. Comparando (8.1), este exemplo ilustra o caso em que $F(\mathbf{x}, u) = \begin{bmatrix} 0 & 1 \\ -2 & -2 \end{bmatrix} x + \begin{bmatrix} 0 \\ 1 \end{bmatrix} u$ (para valores adequados dos resistores R_1 e R_2, capacitor C_1 e indutor L_1).

Neste exemplo, se o personagem está posicionado no centro do campo, isso significa que as correntes são iguais a zero. Se estiver em algum ponto no meio do primeiro quadrante, significa que ambas as correntes são positivas; se no segundo quadrante, uma é negativa e outra positiva, e assim por diante. Quanto mais longe do centro (origem), maior é a corrente. Alterando a tensão de entrada (o sinal de controle), o jogador pode alterar o campo vetorial, fazendo o personagem se mover, representando as correntes que mudam de valor. O objetivo é então alterar o sinal de controle até que o personagem alcance o alvo e ambas as correntes assumam o valor indicado pela posição do alvo, evitando as caveiras vermelhas.

Com relação à construção do jogo, utiliza-se o conceito de níveis de dificuldade gradual, comumente usado em jogos convencionais. O jogo possui vários cenários que são desbloqueados a partir do progresso do jogador. Essa característica estimula o discente a tentar "desbloquear" todos os diferentes cenários, ajudando-o na consolidação dos conceitos sobre os diferentes tipos de modelos matemáticos utilizados na área de sistemas de controle.

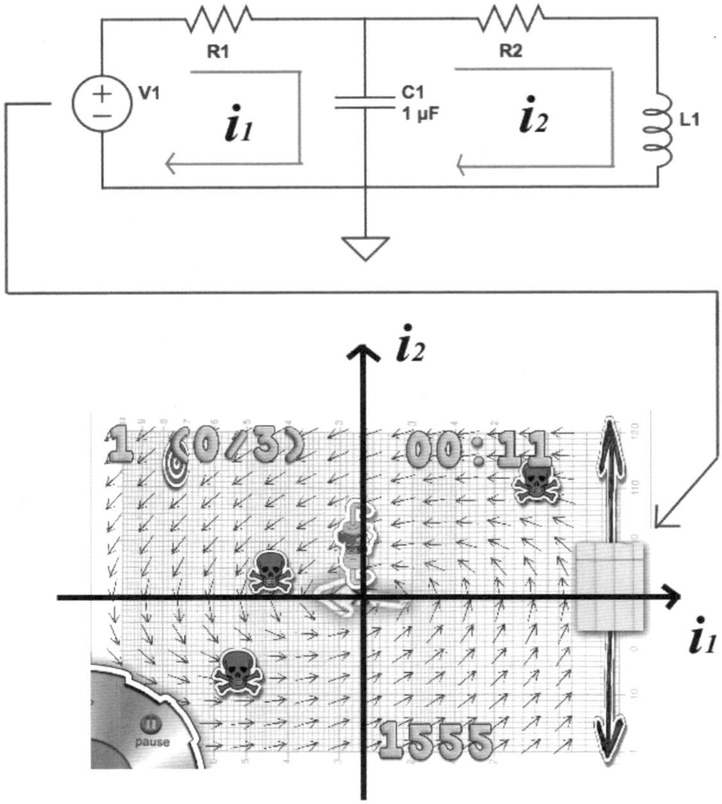

Figura 8.5 – Ilustração de como o ambiente do jogo se relaciona com as variáveis dinâmicas em um sistema de controle.

Na teoria e na prática de sistemas de controle, cada sistema físico possui espaço e dinâmica diferentes. Isso é refletido nos cenários do jogo, que é dividido em quatro "mundos" diferentes. Cada cenário apresenta um tipo de sistema de forma proposital.

Os nomes dos cenários também utilizam termos comuns da área de controle e são descritos por: *Linearland*, *non-Linearland*, *Switchingland* e *Quantizedland*, de forma que o discente possa associar esses nomes a conceitos teóricos vistos em sala de aula.

Em cada "mundo", existem quatro níveis que são do mesmo tipo de sistema, mas possuem características como fases "estáveis", "instáveis", "observáveis", "controláveis", entre outros. Ao jogar, o discente vai descobrindo características e conceitos que dificilmente são observados em exercícios escritos. A Figura 8.6 ilustra exemplos de telas do jogo nas quais é possível observar os "mundos" do jogo.

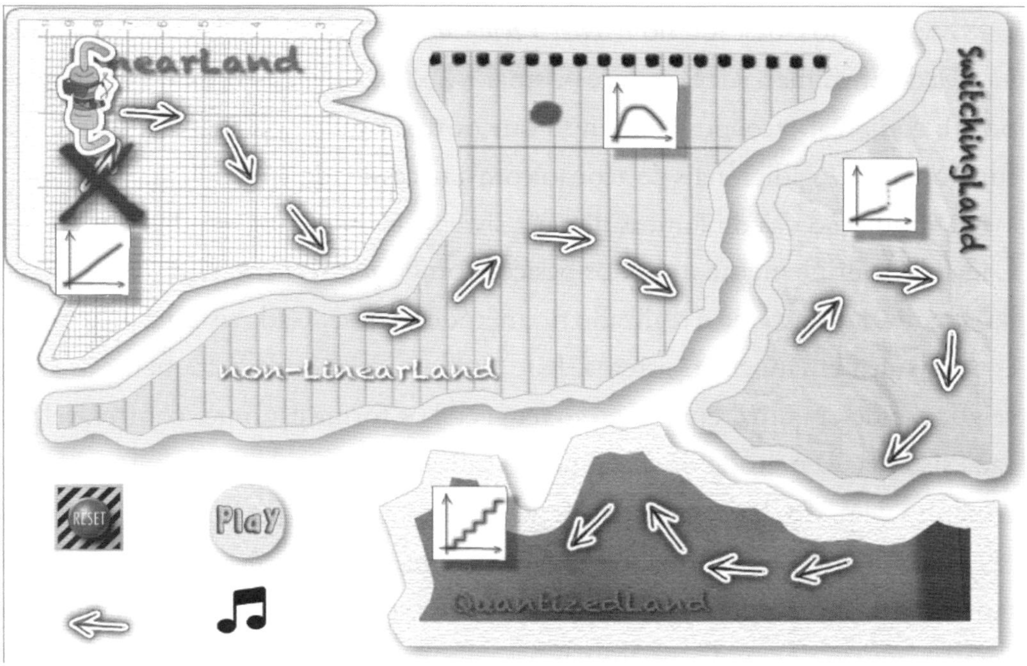

Figura 8.6 – Exemplos de telas do jogo. (a) "Mapa dos mundos" pelos quais o jogador precisa passar; (b) tela de uma das fases do mundo *Linearland*.

Além da parte técnica relacionada ao contexto de sistemas de espaço de estados, o jogo apresenta vários recursos visuais e interativos, como a seleção de avatar (personagem do jogador), ambiente sonorizado, animações, objetivos bônus, pontuação, antagonistas (que o jogador precisa evitar) e outras características presentes em jogos tradicionais.

Por fim, o jogo possui uma função que é capaz de comunicar um controlador externo (via linha de código ou via hardware) através do uso de *websocket*. Isso possibilita que os discentes criem e testem diferentes técnicas de controle.

8.4.2 Sobre a construção do jogo

Como já mencionado, o aplicativo foi implementado em Javascript. Cada sistema possui um conjunto de arquivos que implementam: i) a simulação da dinâmica e da física do sistema; ii) a interface com o usuário; iii) um controlador de eventos que interliga a dinâmica com a interface.

Esse modelo é baseado no *Model View Controller* (MVC), bastante utilizado na área de Engenharia de Software (Osmani, 2012). Além disso, o *Can U Control?* possui código aberto, possibilitando que outros usuários possam implementar funcionalidades adicionais de acordo com a necessidade.

A simulação das dinâmicas de cada sistema foi separada em diversas classes. Cada classe implementa métodos básicos como *update*, *load* e *draw*. O cálculo da dinâmica do sistema é realizado no método *update*. Cada sistema guarda um estado para a dinâmica do sistema. Esse estado corresponde exatamente às variáveis de estado em uma representação (em geral na forma canônica controlável) de cada sistema. O método *update*, então, realiza um passo de integração com um tamanho de passo dt dessas variáveis de estado.

Dessa forma, no controlador de cada sistema existe um *loop* que chama constantemente os métodos *update* e *draw* da classe correspondente àquele sistema. Para aumentar a precisão da simulação e permitir uma simulação fluida e suave, o sistema chama a função *update* diversas vezes (em geral dez a vinte vezes) antes de chamar a função *draw*. A escolha de passos de integração pequenos, aliada à técnica de integração usando o algoritmo de Runge-Kutta, permite uma experiência de usuário muito semelhante a um sistema real.

Para simular as equações de espaço de estados no computador, foi necessário integrar numericamente os estados. No caso desse jogo, foi utilizado o método de Euler, que se inicia com a aproximação da derivada de acordo com:

$$\dot{x}(t) \approx \frac{x(t+\Delta t) - x(t)}{\mathrm{t}} \tag{8.2}$$

Em (8.2), Δt é o passo no tempo que é integrado. Quanto menor esse valor, mais preciso será o resultado, porém, mais lento é o cálculo da solução, já que existem mais pontos para serem calculados. Dessa forma, rearranjando (8.2), de maneira a evidenciar o valor de estado seguinte a iteração, chega-se a:

$$x(t + \Delta t) = x(t) + \dot{x}(t)\Delta t \tag{8.3}$$

Utilizando os valores de (8.3) em (8.2), de forma a reescrever o próximo estado como uma função dos estados anteriores, obtém-se:

$$x(t + \Delta t) = x(t) + F(x(t), u(t))\Delta t \tag{8.4}$$

Desse modo, como $x(t)$ é a posição do personagem, a única coisa que pode ser realizada para alterar o seu movimento é incrementar ou decrementar o valor de $u(t)$. Assim, ao interagir com o jogo, o jogador poderá observar a dificuldade de controlar o estado de um sistema dinâmico usando apenas a entrada de controle.

8.5 Considerações finais

Com o objetivo de contribuir com o ensino e aprendizagem em disciplinas da área de sistemas de controle, mais especificamente, com o assunto de espaço de estados, este capítulo apresentou a implementação de um jogo eletrônico que pode ser adotado como ferramenta de suporte educacional para atividades em cursos de graduação e pós-graduação de cursos de Engenharia.[3]

Como trabalhos futuros, os autores pretendem aprimorar a ferramenta de maneira que mais de um jogador possa interagir simultaneamente com a plataforma, possibilitando que os alunos possam testar diferentes métodos de controle ao mesmo tempo.

Além disso, como a interação do corpo docente é extremamente importante para a utilização da ferramenta de aprendizado apresentada, os autores deste texto

[3]A ferramenta pode ser acessada por meio do link: https://dev-mind.blog/apps/CanUControl/.

pretendem desenvolver e compartilhar um conjunto de roteiros, de modo que os docentes tenham um material didático que possa ser incorporado na metodologia em sala de aula e de forma remota.

Finalmente, os autores deste texto pretendem, com a regularização das aulas presenciais pós-pandemia, desenvolver um novo conjunto de experimentos levando em consideração o uso da ferramenta, para observar como isso influencia os resultados de aprendizagem.

Referências

ADAMS, E. **Fundamentals of game design**. San Francisco: New Riders, 2014. p. 14-18.

ASIKSOY, G.; CANBOLAT, S. The effects of the gamified flipped classroom method on Petroleum Engineering students' pre-class online behavioural engagement and achievement. **International Journal of Engineering Pedagogy**, v. 11, n. 5, p. 19-36, 2018. DOI: https://doi.org/10.3991/ijep.v11i5.21957.

AYYAGARI, R. A fresh approach to teaching state-space methods in an undergraduate course. **IFAC-Papers Online**, v. 52, n. 9, p. 97-102, 2019. DOI: https://doi.org/10.1016/j.ifacol.2019.08.131.

BARATA, P. N. A. **Framework para criação de laboratórios virtuais**: diminuindo a lacuna entre teoria e prática em Engenharia Elétrica. 2015. 135 f. Tese (Doutorado em Engenharia Elétrica) – Instituto de Tecnologia, Universidade Federal do Pará, Belém, 2015. Disponível em: http://repositorio.ufpa.br/jspui/handle/2011/7414. Acesso em: dez. 2021.

BAZZO, W. A. **Ciência, tecnologia e sociedade**: e o contexto da educação tecnológica. 5. ed. Florianópolis: Ed. UFSC, 2017.

BRIGHAM, T. J. An introduction to gamification: adding game elements for engagement. **Medical Reference Services Quarterly**, v. 34, n. 4, p. 471-480, 2015. DOI: https://doi.org/10.1080/02763869.2015.1082385.

CALL, T.; FOX, E.; SPRINT, G. Gamifying software engineering tools to motivate computer science students to start and finish programming assignments earlier. **IEEE Tran-**

sactions on Education, v. 64, n. 4, p. 423-431, 2021. DOI: https://doi.org/10.1109/TE.2021.3069945.

CALLAGHAN, M.; MCSHANE, N.; GUILUZ, A. G.; SAVIN-BADEN, M. Extending the activity theory based model for serious games design in engineering to integrate analytics. **International Journal of Engineering Pedagogy**, v. 8, n. 1, p. 109-126, 2018. DOI: https://doi.org/10.3991/ijep.v8i1.8087.

CHAPMAN, J. R.; RICH, P. J. Does educational gamification improve students' motivation? If so, which game elements work best? **Journal of Education for Business**, v. 93, n. 7, p. 315-322, 2018. DOI: https://doi.org/10.1080/08832323.2018.1490687.

CHOI, C. H. An undergraduate state-space theory course with emphasis on designs. *In*: ASEE ANNUAL CONFERENCE, 2005, Portland. **Proceedings** [...]. ASEE: Portland, 2005. DOI: http://dx.doi.org/10.18260/1-2--14366.

CNE – CONSELHO NACIONAL DE EDUCAÇÃO. **Resolução nº 2, de 24 de abril de 2019**. Institui as Diretrizes Curriculares Nacionais do Curso de Graduação em Engenharia. Brasília, DF: MEC, 2019. Disponível em: http://portal.mec.gov.br/index.php?option=com_docman&view=download&alias=112681-rces002-19&category_slug=abril-2019-pdf&Itemid=30192. Acesso em: 12 jan. 2022.

CHOU, Y.-K. **Actionable gamification**: beyond points, badges, and leaderboards. reimpr. ed. [S.l.]: Createspace Independent Publishing Platform, 2015.

DETERDING, S.; DIXON, D.; KHALED, R.; NACKE, L. From game design elements to gamefulness: defining "gamification". *In*: INTERNATIONAL ACADEMIC MINDTREK CONFERENCE (MINDTREK '11), 15., 2011, Tampere. **Proceedings** [...]. Tampere: ACM, 2011. p. 9-15. DOI: https://doi.org/10.1145/2181037.2181040.

FRERICH, S.; MEISEN, T.; RICHERT, A.; PETERMANN, M.; JESCHKE, S.; WILKESMANN, U.; TEKKAYA, A E. (ed.). **Engineering Education 4.0**: excellent teaching and learning in Engineering Sciences. Cham: Springer, 2016.

GARRIS, R.; AHLERS, R.; DRISKELL, J. E. Games, motivation, and learning: a research and practice model. **Simulation Gaming**, v. 33, n. 4, p. 441-467, 2002. DOI: https://doi.org/10.1177%2F1046878102238607.

HERNANDEZ-DE-MENENDEZ, M.; DÍAZ, C. A. E.; MORALES-MENENDEZ, R. Engineering education for smart 4.0 technology: a review. **International Journal on Interative Design and Manufacturing (IJIDeM)**, v. 14, p. 789-803, 2020. DOI: https://doi.org/10.1007/s12008-020-00672-x.

KIM, S.; SONG, K.; LOCKEE, B.; BURTON, J. **Gamification in Learning and Education**: enjoy learning like gaming. Springer, 2018.

LAINE, T. H.; LINDBERG, R. S. N. Designing engaging games for education: a systematic literature review on game motivators and design principles. **IEEE Transactions on Learning Technologies**, v. 13, n. 4, p. 804-821, 2020. DOI: https://doi.org/10.1109/TLT.2020.3018503.

LIMA, R. O. M.; LIRA, A. L.; SOUSA, V. H. F.; COSTA, J. V. A.; OLIVEIRA, V. S.; PINHEIRO, J. S. A integração pedagógica na elaboração de um jogo digital. **Revista Principia**, v. 49, p. 23-30, 2020. DOI: http://dx.doi.org/10.18265/1517-03062015v1n49p23-30.

MALONE, T. W.; LEPPER, M. R. Making learning fun: a taxonomy of intrinsic motivations for learning. *In*: SNOW, R. E.; FARR, M. J. (org.). **Aptitude, learning, and instruction**. Vol. 3: conative and affective process analyses. Hillsdale: Lawrence Erlbaum, 1987.

MIN, W.; FRANKOSKY, M. H.; MOTT, B. W.; ROWE, J. P.; SMITH, A.; WIEBE, E.; BOYER, K. E.; LESTER, J. C. DeepStealth: Game-Based Learning stealth assessment with Deep Neural Networks. **IEEE Transactions on Learning Technologies**, v. 13, n. 2, p. 312-325, 2019. DOI: https://doi.org/10.1109/TLT.2019.2922356.

MORAES, M. N.; CARDOSO, P. A. Jogos para ensino em Engenharia e desenvolvimento de habilidades. **Revista Principia**, João Pessoa, v. 39, p. 19-29, 2018. DOI: http://dx.doi.org/10.18265/1517-03062015v1n39p19-29.

MORAN, J. Educação híbrida. Um conceito-chave para a educação, hoje. *In*: BACICH, L.; TANZI NETO, A.; TREVISANI, F. M. (org.). **Ensino híbrido**: personalização e tecnologia na educação. Porto Alegre: Grupo A, 2015.

NASCIMENTO, L. M.; NERI, D. S.; FERREIRA, T. N.; PEREIRA, F. A.; ALBUQUERQUE, E. A. Y.; GONÇALVES, L. M. G.; SÁ, S. T. L. sBotics – gamified framework for educational robotics. **Journal of Intelligent Robotic Systems**, v. 102, 2021. DOI: https://doi.org/10.1007/s10846-021-01364-8.

NASU, V. H. Gamificação e jogos para educação. *In*: NOGUEIRA, D. R.; LEAL, E. A.; MIRANDA, G. J.; NOVA, S. P. C. C. (org.). **Revolucionando a sala de aula**: novas metodologias ainda mais ativas, volume 2. São Paulo: Grupo Gen, 2020.

NIMAN, N. B. **The gamification of higher education**: developing a game-based business strategy in a disrupted marketplace. New York: Palgrave Macmillan, 2014.

NISE, N. S. **Control systems engineering**. 7. ed. Hoboken: Wiley, 2015.

OREN, M.; PEDERSEN, S.; BUTLER-PURRY, K. L. Teaching digital circuit design with a 3-D video game: the impact of using in-game tools on students' performance. **IEEE Transactions on Education**, v. 64, n. 1, p. 24-31, 2021. DOI: https://doi.org/10.1109/TE.2020.3044174.

OSMANI, A. **Learning JavaScript design patterns**. Sebastopol: O'Reilly, 2012.

PLASS, J. L.; HOMER, B. D.; KINZER, C. K. Foundations of game-based learning. **Educational Psychologist**, v. 50, n. 4, p. 258-283, 2015. DOI: http://dx.doi.org/10.1080/00461520.2015.1122533.

POBLACIONES, M. J.; GARCIA-WHITE, T.; MARIN, C. Student's perception of real-time quiz Kahoot! As a review tool in higher education: a case of study. **International Journal of Engineering Pedagogy**, v. 11, n. 4, p. 165-174, 2018. DOI: https://doi.org/10.3991/ijep.v11i4.21359.

PRENSKY, M. **Digital game-based learning**. St. Paul: Paragon House, 2013.

ROGERS, S. **Level up!**: the guide to great video game design. Wiley, 2010.

ROSSITER, A.; SERBEZOV, A.; VISIOLI, A.; ZAKOVA, K.; HUBA, M. A survey of international views on a first course in systems and control for engineering undergraduates. **IFAC Journal of Systems and Control**, v. 13, p. 100092, 2020. DOI: https://doi.org/10.1016/j.ifacsc.2020.100092.

SAXENA, M.; MISHRA, D. Gamification and gen Z in higher education. **International Journal of Information and Communication Technology Education**, v. 17, n. 4, p. 1-22, 2021. DOI: https://dx.doi.org/10.4018/IJICTE.20211001.oa10.

SEABORN, K.; FELS, D. I. Gamification in theory and action: a survey. **International Journal of Human-Computer Studies**, v. 74, p. 14-31, 2015. DOI: https://doi.org/10.1016/j.ijhcs.2014.09.006.

SCHELL, J. **The art of game design**: a book of lenses. 3. ed. [S.l.]: CRC Press, 2019.

TADAYON, M.; POTTIE, G. J. Predicting student performance in an educational game using a Hidden Markov model. **IEEE Transactions on Education**, v. 63, n. 4, p. 299-304, nov. 2020. DOI: https://doi.org/10.1109/TE.2020.2984900.

TEKINBAS, K. S.; ZIMMERMAN, E. **Rules of play**: game design fundamentals. [S.l.]: MIT Press, 2003.

TROUSSAS, C.; KROUSKA A.; SGOUROPOULOU, C. A novel teaching strategy through adaptive learning activities for computer programming. **IEEE Transactions on Education**, v. 64, n. 2, p. 103-109, 2021. DOI: https://doi.org/10.1109/TE.2020.3012744.

VALLIM, M. B. R. **Um modelo reflexivo para formação de engenheiros**. 2008. Tese (Doutorado em Engenharia Elétrica) – Universidade Federal de Santa Catarina, Florianópolis, 2008. Disponível em: https://repositorio.ufsc.br/xmlui/handle/123456789/91119. Acesso em: 25 jun. 2022.

ZHAO, D.; MUNTEAN, C. H.; CHRIS, A. E.; MUNTEAN, G.-M. Learner attitude, educational background, and gender influence on knowledge gain in a serious games-enhanced programming course. **IEEE Transactions on Education**, v. 64, n. 3, p. 308-316, 2021. DOI: https://doi.org/10.1109/TE.2020.3044174.